おーい、モモ松!

平塚 保治
Hiratsuka Yasuji

風詠社

目次

おーい、モモ松！

母　平塚さよ子に捧ぐ

プロローグ

一九九八年十月、わたしはポルトガルのコインブラ市にいた。コインブラはポルトガル中腹にある学生の町で、シンボルであるコインブラ大学はヨーロッパで最も古く、この国で最も権威のある大学だった。

本当に来てしまった。

海外に行こうと決めたのは一年前。当時、進学塾に勤めていたわたしは毎日いやいや勉強を強いられる生徒たちに英語や数学を教え、言うことを聞かないと文句ばかりいう親たちに「受験からは逃げられませんよ」といって高額な授業を売り込んでいた。

勉強なんて本人がやろうと思わなければできるはずがない。そう信じていたので、子どもたちと接するのは好きだったが仕事自体は楽しくなかった。でも生きていくためには働かないといけない。誰もが感じる青臭いジレンマにわたしはほとほとくたびれていた。そんなときに外国で暮らしてみようと《ふっと思った》のである。

不思議な事だが人生の節目節目でこの《ふっと思う》感覚がわたしにはあった。板前になったとき、塾に勤めようと思ったとき、そして外国で暮らそうと感じたとき。それぞれ《ふっと思った》。それはまるでジグソーパズルのピースが見事にぴたりと合った感じと似ていて、選択が間違っていない手応えみたいなものがあった。

そして仕事をやめて本当に海を渡った。三十七年ものあいだ外国など行ったことがない、英語も話せるはずもない、何しろポルトガル語が存在していること自体知らなかったのだ。

そんなおっさんの冒険が始まったのである。

よく何でポルトガルだったのかと聞かれる。日本人からもポルトガル人からも、両親からも友人からもそう聞かれた。本当は自分でもよくわからない。外国に行こうと決めたとき最初の候補地はトルコだった。

外務省の渡航センターに行って、トルコについての情報をプリントアウトしたとき、反フセインを掲げるクルド人ゲリラのことが書かれてあって、窓口で詳しく聞くと「お勧めできない」と言われた。

初めての海外で、しかもツアー旅行ではなく生活するわけだ。そんな人間にとって危険、ゲリラなどの単語はそれ以上の意味を持つ。あっさりと断念していろんな国を探していたときに、ポルトガルが目に付いた。なんとなくポルトガルというフレーズが耳に残り、頭の隅で線香花火のようにチカチカし続けた。ガイドブックを見ると「物価が安く、治安もいい」と書かれてある。

よっしゃ、ポルトガルに住もう。すんなりと決めた。

昔から深く考えない。それは後先を考えずに無茶をするという意味ではなく、思い悩むより動くことこそが運命を決めてくれるという柄にもない信念がある。外国に行こうと決め、ポルトガルを選んだのであれば、もう必要以上に迷うべきでない。ポルトガルには縁があったのだ。

出発の時期が近づき、友人たちが準備してくれた送別会で「お前みたいな生き方が羨ましい」なんていわれると素直に舞い上がった。しかし心の中では不安が大きくなる一方だった。荷物を送り、チケットが届き、いざ出発する日の朝まで不安は消えるどころか膨らんでいくばかりだった。

アントニオ・ジョゼ・アルメイダ通り2＊＊番地の家の部屋に下宿することになった。六本木にあるポルトガルセンターでコインブラ大学の初級外国人コースの入学手配をしてもらい、下宿先も決めてもらった。学費は年間十二万円程度なので、月々一万円で留学生になれるなら高くはない。しかも学生証が手に入るのでビザの更新も便利だった。

下宿先の大家のマリアさんは五十過ぎで、家にはパウラ、ソニア、パトリシアの三姉妹と国内や他の国から来た学生が数名下宿していた。その中にマリエさんという日本人女性もいた。彼女は銀行勤めをやめて留学してきたらしいが、まだまだ喋れないといいながらもすでにペラペラの域だった。さっそく彼女に一日の流れを教えてもらい、他の日本人留学生たちも紹介してもらった。

かくしておっさんのポルトガル生活は最高のスタートを切った。

当たり前だがポルトガル語は言語ではなく音にしか聞こえない。言葉として聞こえないからまったく意味がわからない。わかるレベルのポルトガル語にしても、まず頭の中で日本語に訳して、日本語で答えを考えて、それをまたポルトガル語に直す。この工程に恐ろしく時間がかかる。やたら文法の正誤を考えてしまうのが日本人の悪いところで、正しい文法を使わねばならないという思い込みが大きすぎてすぐに返事ができない。だからニヤニヤしているしか術がなかった。

そんなレベルなので大家さんのちょっとした言葉すら理解できなかった。話せないから距離をとる、その行為が誤解を生む。いつもマリエさんばかり頼りしていられないし、他の留学生の足手纏いにもなりたくない。わずか一ヶ月で外人という立場の恐ろしさを知ることになった。

言葉がわからなくても何とかなるなんて真っ赤な嘘だった。「世界ウルルン滞在記」の感動なんかどこにもない。とにかく言葉ができないと話にならない。教科書を見ながら単語を覚えて基本的な文法を学習するがそう簡単には覚えられない。大学ではポルトガル人によるポルトガル語で説明されるポルトガル語の授業なので僅かなことを理解するにも膨大な時間がかかった。何より意思疎通できる相手がいない状況は想像以上にわたしを追い込んでいった。

知らず知らずに日本人を探す毎日になる。だがそのほとんどが若い大学生なのだ。しかも彼らはポルトガル語を専攻しているからいつも外国人といてポルトガル語を話している。そんな輪にわたしが入ると彼らも気を使ってくれる。わたしが話せないからわざわざ通訳もしてくれる、嬉しいことだけれども心苦しい、だから彼らからも距離をとった。

そんなわたしから居場所がなくなるのにそれほど時間はかからなかった。授業が終わるとただただ街を歩き回り時間をつぶした。周りの声がすべて自分の悪口に聴こえ、誰かと目も合わす事すら苦しくなっていった。

すぐにでも日本に帰りたい、でもそんなことはできるはずもない、どの面下げて帰国できるというのか。まもなくわたしは授業にも出なくなった。毎朝、下宿は出るものの人気のない公園のベンチに座って同じ本を繰り返し読み直し夕方を待つ。そして誰もいない学食に最初に入って一人で夕食を済ます。そしてまた街を歩く。

何のために来たのか、こんな状態でどうやって暮らしていくのか、ここで何をしているんだ……自由人を気取って海を渡ったはずがこの様だ。おっさんの自問自答はネガティブスパイラルの螺旋を際限なくクルクル回るだけである。

よほど暗い顔をしていたのだろう、さしもに大家のマリアさんが心配して声をかけてくれた。その言葉すらわたしには理解できない。「ノン、コンプリエンド（わたしには理解できません）デスクルパ（ごめんなさい）」それしか言えない。

そんな時、次女のソニアが部屋にやってきた。

「どうしたのか、何か心配事があるのか、ここの生活に不満があるのか」

彼女はわたしのために大きな文字で紙に書いてきてくれた。わたしは初めて自分の気持ちを書いた。ポルトガル語では上手く書けないので辞書を引きながら拙い英語で書いた。「言葉がわからず、誰とも会話にならない、勉強するもののすべてがポルトガル語なのでどうすることもできない」二十四、五歳の女性に四十前の男が泣き言を言うのである。格好悪いなんてもんじゃない。

ソニアは一家の中で一番優しかった。なにを聞いても嫌な顔一つ見せず丁寧に教えてくれた。だからわたしは同情してくれると思っていた。地球の裏でたった一人で暮らしているのだからと温かい言葉をかけてくれると考えていた。

ところがわたしが書いた文を読むとソニアは大声で笑い出したのだ。

あっけにとられたわたしは彼女を驚いて見つめた。そのとき彼女はポルトガル語で話した。紛れもなくいつもチンプンカンプンのポルトガル語だった。ところがそのときだけ同時通訳者がいて翻訳してくれたかのようにはっきりと意味がわかった。

「バカじゃないの、あなたがポルトガル語を話せるなんて誰も思わないわよ」そのときソニアが何といったのかはわからない、しかしはっきりとそう聞こえたのだった。

その一言ですーっと軽くなった。話せない、ただそれだけの事なのだ。

人目を気にしてばかりだった。送別会で羨ましがられながらもずっと不安な気持ちをひた隠しにしていた。いつも行動力があって興味を持ったことには必ず挑戦する人間を観客など一人もいない回り舞台で演じていた。無条件に助けてくれる誰かを何もせずに待っていた。そうやって弱い自分を隠すことばかり考えていた。言葉にすれば三文小説にでてくる臭い台詞だが、そうしたことを実感してみるとものすごく清々しい感覚だった。ソニアの一言から景色が劇的に変わった。

それから授業に欠かさず出るようになり、クラスメートとも積極的には話すようになった。めちゃくちゃなポルトガル語であるが気にすることもない。なぜなら相手もめちゃくちゃなんだから。

そして毎日新しいカフェに入っていった。東洋人であるわたしを見て露骨に嫌な顔をする店主がいたり、明らかに蔑んでいる者もいたが、そんなカフェには二度と入らなければいいだけで、無理に気に入られる必要もない。逆に愛想のいいカフェには何度も足を運んでこちらから話しかけた。お勧めはなんですか、美味しいレストランはどこにありますか、どうやって作るのですか、などなど尋ねると気の好い店主だといろんなことを教えてくれた。

またリュックを背負ってプチ旅行にも出かけた。ガイドブックに乗っていないような街にいって小さな観光局で宿を教えてもらい後は自分で交渉する。そして翌日には街を歩き回って昼食をとり、適当なバスに乗り込んで次の街を目指す。どこで降りるかも決めない。運転手や乗客に尋ねてみるとあそこがいい、ここがいいとどんどん教えてくれる。ときにはうちに来いと誘ってくれる人もいた。話しかけるから少しずつだが言葉もわかるようになってきた。

考え方ががらりと変わると生活も一変し、毎日が輝きだした。ほんの一ヶ月前まであれほど怯えていたのに、この豹変ぶりに自分でも驚いた。

本に載るような偉人たちの名言や名句には偽りはないだろう。けれどもどんな薀蓄《うんちく》のある言葉よりもソニアの一言は効いた。わたしの体内でイメージどおりにいかない現実に対応できない弱さが生き抜く覚悟がいらない日本で育っていたわけだ。そのこと自体は決して悪いことじゃない。ただその弱さを自覚できたことに大きな意味があったのだ。

I　カフェとサッカーとクリスマス

ポルトガルに「サンテーニャ」という言葉がある。日本語で言えば「お大事に」や「元気?」を軽くしたようなもので、ちょっとしたときに人にかける言葉だ。それをわたしは「サルディーニャ」と間違えて覚えた。

発音の違いだけで終わればよかったのだが、「サルディーニャ」は「鰯」を意味するポルトガル語だった。だからしばらくの間わたしは「鰯」と声をかけていた。言われた人たちはどう思っただろう、東洋人からいきなり鰯呼ばわりされるのだから気分はいいものではないはずだ。この場を借りてお詫びしたい。

だがそれで問題になったことなどない、詰まるところ言葉なんてその程度のものなのだ。

大学で学ぶポルトガル語は生活にはほとんど役に立たない事がわかってきた。要するに文法は会話には関係ない。主語や述語を意識して日本語を喋る日本人がいないのと同じである。だからと言って授業をサボることはしなかったが、それよりも広告を片手にショッピングセンターに行ったり、辞書を持ってカフェに行ったりした方が生のポルトガル語を知ることができた。

カフェをめぐり、時々旅行をして過ごす。しばらくしてスポーツジムにも通い出し、リスボンの日本語学校で週に一日だけアルバイトするようにもなった。学生のように単位をとらねばならないわけでもないし、仕事自体がないのだからノルマもない。人が羨むような完璧な自由をわたしは手に入れたのだ。

そんなときにルイスと知り合った。彼はボタニコ公園の脇にある小さなカフェの店主だった。モザンビークにいた頃に合気道と柔道をたしなんでいて、わたしが日本人だと知ると「イチ、ニー、サン」と大声を上げて近づいてきた。そして辞書を持っていたわたしに「勉強なんかするな、文法をまともに理解しているやつなんかポルトガルにはいないんだ、ガハハ……それよりここに来い、オレが教えてやる」五十過ぎのずんぐりむっくりの男だがその優しい豪快さが気に入った。生活に余裕が出てくるとこんどは人恋しくなる。われながら天邪鬼である。

このルイスとの出会いがものすごく大きかった。

ルイスは熱狂的な「ベンフィカ」ファンだった。ポルトガルサッカーリーグでは「ベンフィカ」、「ＦＣポルト」、「スポルディング」の三チームが有名どころで、中でも「ベンフィカ」が最も人気があるチームだった。日本で言えば巨人軍みたいなものだ。試合はもちろんテレビで実況される。そのときにはどこのカフェも満席状態になる。家でも観られるのだが、ファンたちは仲間と一緒に観たいのだ。何がなくてもサッカーなのである。

ある土曜日の夜にルイスに店に来いと誘われた。二十名も入れば一杯になるフロアに丸椅子を並べて三十人ぐらいが肩摺り寄せて天井から吊るされたテレビに釘付けになる。

「来たか、あそこの席に座れ！　おい、通してやってくれ、真ん中の席だ、お前のために取っておいてやったんだ」

ルイスの大声に恐縮しながら座った。真正面にテレビ画面が見える特等席だった。

「きょうはベンフィカが勝つ！　どんなことがあっても勝つ、そうだろう」ルイスの大声が店に響く。どうやらその日は宿敵「ＦＣポルト」との大一番らしい。

サッカーにはことさら興味がなかった。九十八年のフランスＷ杯は観たものの、それ以上にのめり込むことはなかった。だからフォーメーションや戦術なんかまったく知らなかった。なので場違いな感がものすごくあった。

でもルイスの誘いだけは断れない。なぜなら彼はわたしが一番暇をもてあましている人間であることを知っている唯一のポルトガル人だからだ。

そんなルイスはわたしのためにわざわざビールとオリーブと生ハムを用意してくれていた。ありがたいのだが、そのＶＩＰ待遇にさらに恐縮してしまった。誰なんだこの東洋人は、という周りの視線が痛い。

さて、その日の試合は息詰まるものだった。だが、試合よりも客の様子を見ている方がわたしには面白かった。チャンスを逃がしたときの落胆振り、ピンチになったときの驚愕振り、そのオーバーリアクションは出川哲朗どころではなかった。全員がマインドコントロールされて、グラスを持ったまま、口をあけたまま、これでもかとテレビ画面に集中している。

その夜、「ベンフィカ」は負けた。

直後の客たちの落ち込みようは凄まじかった。中には泣いている者もいた。ルイスはカウンターに頬杖をついたまま動かなかった。こんなときにどう言えばいいのか、下手に慰める方が失礼に当たる。ルイスの店にくる以上はわたしも「ベンフィカ」ファンになるしかなかった。

しばらくして、ルイスが食事に誘ってくれた。いつも学食で食べていたわたしには何よりうれしかった。夕方に奥さんと一緒に車で迎えに来てくれた。

ルイスは「オレの車はホンダなんだ、他のポルトガル人はホンダと言えないんだ。でも俺は言えるんだ。俺の心は日本人なんだ」と自慢していた。ラテン語系の言葉では「はひふへほ」が「あいうえお」になる。だから「ホンダ（ＨＯＮＤＡ）」は「オンダ」と発音される。

ポルトガルはのんびりした国で時間がゆっくり進んでいるんじゃないかと思うほどなのだが二つだけ違うものがある。一つは散髪屋さん、そしてもう一つが車の運転である。とにかくぶっ飛ばす。二車線道路であれば必ずみんな百キロ以上で走る。女性も老人も問わない。もちろん高齢者マークも若葉マークもない。

連れて行ってくれたレストランは車で三十分ぐらいかかる山の中にあった。本当にこんなところにレストランがあるのか、と思えるような場所で、そこに着くまでくねくねとした山道を走る。もちろんそこでも百キロで走る。まるでアイルトン・セナなのだ。

「大丈夫だ、ホンダの車はスピンしないんだ。カーブを曲がるときもブレーキなんかいらない。ハンドルを切るだけで大丈夫なんだ」

当たり前だ、スピンしていたらお前はここにいないじゃないか！と思った。わたしはシートベルトを強く握り震えていた。ふと見ると、奥さんは後部座席でのん気にうとうとしていた。さすがポルトガルの女性である。

そこは鶏の丸焼きの専門店だった。丸太小屋のような外観で、入り口は狭いが客は多かった。入ったとたんもの珍しい東洋人に視線が集まった。ルイスと一緒だから入店できたわけで一人だととても入れない。

屋号は「ガリンニャ」といい「雄鶏」という意味だった。

旅先で唸るほど美味いものに出会うことが間々ある。でも飛び上がるほど美味いものにはそう当たらない。わたしが無条件に飛び上がったのは鶏の丸焼きではなく、その前に出されたカンジャというポルトガルの伝統的なスープだった。

カンジャは鶏の手羽や内臓の切り落としなど、捨てるような部位を水洗いしてからことこと煮出して塩だけで味付けするいたってシンプルなスープである。これがすこぶる美味かった。塩加減が絶妙でいくらでも飲めた。三人でいって三人分を注文したがわたしがもっと欲しいというもので二人前追加してもらった。それぐらい美味かった。

板前だったからさっそく真似して作ってみたができない、何をどうやってもあの店の味にならない。大家のマリアさんが作ったものとも違う。もちろんマリアさんのカンジャも美味しいのだがレベルが違う。生涯美味ベスト3に絶対に入ると言い切れるぐらい美味かった。

似ている料理といえば、極上の天然鱧のお吸い物か最高級のツバメの巣のスープあたりだろう。

　信じてもらえるかどうかわからないが、この店に来たいがためにわたしは中古車を買った。それぐらい感動的な味のスープだった。コインブラに行かれたら絶対に行くべき店である。

＊

「コルタ・クルティーニョ」と「クルタ・ポカディーニョ」この二つの言い方の違いが運命を決める。前の方が「短めに切って」の意、後者が「少しだけ切って」の意味だ。これを間違ったらとんでもないことになった。

　舞台は散髪屋さんである。ポルトガルでのんびりしていないものは車の運転と散髪と書いた。どこの散髪屋に入ってもとにかく速い、あっという間に切っていく。日本であれば髪の毛を少し湿らせて何となく慎重に切っていくのだが、ポルトガルではズバズバ切っていく。下手だと言っているのではない速いのである。

　もちろんシャンプーはない、耳掃除もない、そして肩もみもない。今はそうじゃないかもしれないが、いわゆる町の散髪屋さん、クルクル電燈に席が二つほどで制服を着たマスターがいる散髪屋さんはその当時ただ髪を切るだけだった。

日本なら「～～～な感じにしてください」「横は〇〇風に」なんてイメージを伝える。わたしにはそんなことをポルトガル語で言えるはずもない。だから初めて散髪屋に行くとき、ほかの日本人留学生からよい散髪屋はどこにあるのかを聞いて、イメージをどうにかこうにかポルトガル語に訳したメモを持っていった。

わたしの頭髪はふさふさではない。てっぺん辺りがかなり薄くなってきている。その上くせ毛なので伸び始めるとくねくねになる。当然だが薄くなってきたことは気にしない振りをしながら実はかなり気にしていたし、今でもしている。

入ったのはバイシャと呼ばれる下町の商店街にある散髪屋さんだった。五十ぐらいの痩せた店主がいてわたしを見てにこっと笑ってくれた。風貌は画家のダリに似ていた。顔が細くて目が大きく、口ひげもはやしている。

ほかに客がいなかったので、座るとすぐにメモを出して店主に見せた。すると大きく頷いてからまた笑った。伝わったと思った。

店主が準備をしながら話しかけてきた。「どっからきたんだ」「ポルトガルは好きか」「大学にいるのか」「どこに住んでいるんだ」およそ必ず尋ねられる質問に答えているうちに少しずつ落ち着いてきた。

だが、うなじ辺りに冷たい感触を感じた次の瞬間、ドサッと目の前に髪が落ちてきた。まるで「四谷怪談」のようだ。「あっ」と声を出したが身動きができない。バリカンを芝刈り機のように巧みに動かしているダリ主人は鏡の中でニコニコしている。五分ほどでわたしの頭はサバンナになった。もみ上げと生え際をかみそりで揃えてくれたら、プロント（よし、できたぞ）となった。わずか十分ほどだった。

わたしを見たほかの日本人たちは「すっきりしましたね」と笑いを堪えながら言った。「うん、仏教を広めようと思って」と返したらみんなが吹き出した。それから散髪屋さんに持っていったメモを見せて間違いを教えてもらった。だが、すべて後の祭りである。「写真を持っていけばいいんですよ」と一人がアドバイスしてくれた。ああ、そうか！……後悔先に立たず、髪の毛すぐに伸びず、である。

＊

初めてのクリスマスを北部のヴィアナド・カステロという町で過ごすことにした。そこはスペインとの国境近くの静かで緑の綺麗な町だった。鉄道でコインブラからアヴェイロ、ポルトと行ってからバスで入る予定だった。

クリスマスの時期には出稼ぎに行っているポルトガル人が世界中から帰ってくる。そしてその手には大きな荷物がある。十二月二十日頃だったと思うが、わたしはコインブラB駅のプラットホームで電車を待っていた。

まだ言葉がわからず、本当に目的地に行けるのかなと不安な頃だった。

この時期になると下宿している他の学生たちは全員実家に帰り、日本人留学生たちもそれぞれ気の合う仲間たちと旅に出て行った。残っている日本人はわたしぐらいなもので、一人でずっとコインブラにいる方が耐えられなかった。

コインブラには郊外にあるB駅と中心部にあるA駅とがある。大西洋側のリスボンからポルトまでアルファというポルトガル版新幹線が走っていて、その路線上にB駅があり、B駅から中心部のA駅までローカル線が走っている。

アヴェイロまでは鈍行で行くつもりだったのでアルファ列車を見送った。すると一人の太った女性が大きなスーツケースを持って降りてきた。キャスターが付いていないスーツケースはかなり重そうだった。

年の頃はわからないが、かなり年配であることは間違いない。両手で持ち手の部分を引き上げながら二、三歩進んでは止まり、また二、三歩進んでは止まる。かなりきつそうである。手伝ってあげたいのだが言葉が出ない。

女性は歯を食いしばってスーツケースを運んでいた。あまりにも大変そうなので思い切って声をかけた。もしもまともに手伝うことができたらこの旅は上手くいくと験をかついだのだ。

「持ちましょうか」

「手伝ってくれるの、ありがとう」

おばさんはにっこり笑った。

ところが持ってみたら重いってもんじゃない。おそらく三十キロ近くあっただろう。わたしでも反対側に全体重を掛けないと持ち上がらない。それくらい重かった。

おばさんは何かを話してくれたがわからない。わたしがポルトガル語がわからないと察すると簡単な英語でゆっくりと話してくれた。彼女はイギリスから半年振りに帰ってきたところでケースの中身はプレゼントなんだという。

「クリスマスが終わって年が明けたらまたロンドンに戻るのよ」そう言って明るく笑った。

しかしわたしは笑えなかった。自分のリュックだって十数キロある。それを背負って小さなショルダーバッグを首からさげて、そして重たいスーツケースを持って歩いているのだ。まるで罰ゲームである。声をかけるべきじゃなかったとすら思った。

「でも、ロンドンに帰るときにはスーツケースが空っぽだから楽なものよ」とおばさんは言った。下手な落語のオチよりひどい。

でもその言葉にほのぼのとした気分になった。この大きなスーツケースをここまで満タンにするまでいろんなことがあったんだろう。重さと等しい喜びも辛さもあったはずだ。

誰だって生きている以上当たり前の話なのだ。こんな気持ちになるなんて、外国での一人暮らしがわたしを少しだけ成長させてくれたらしい。

なんとか改札をでて駅前の道路までやってきた。思わず両手を膝において肩で息をした。

駅まで家族が迎えに来てくれるという。

「ありがとうね、あなたはどこに行くの」

「アヴェイロにいきます」

「そう、もう少しで孫が迎えに来るからそれまで一緒にいてくれる？」

「孫？」

彼女は確かにグランドチャイルドといった。

とても孫がいるとは思えなかった。若く見えるというよりもエネルギッシュなのだ。第一にこんなに重たい荷物を、飛行機を使ったにしろロンドンから一人で持ってきたんだからすごい。孫がいるならおそらくは六十代かあるいは七十代なのだろう。そんな歳でもイギリスまで働きにいっている。

やがてポンコツの車に乗った孫がやってきた。二十歳そこそこの男の子である。車から降りるなりおばあちゃんをぐっと抱きしめた。短い会話を交わして再び抱きしめる。そしてわたしに気がついた。おばあちゃんから説明を受けると気持ちの良い笑顔で礼を述べて握手を求めてきた。

「それじゃあね、どうもありがとう」おばあさんはそう言って車に乗ろうとしたが、ふと止まってわたしのところまでやって来た。

「がんばってね、神様のご加護がありますようにGod bless you」おばあさんはわたしの両手を握ってそう言ってくれた。

きっと神様っている。

困ったときや落ち込んだとき神様は直接手を差し伸べることはしない。その代わりに姿かたちを変えて現れてくる。大切なのは、近づいてきた神様を感じ取れる心があるかないかだ。

尖がっていては見逃してしまう。おばさんに声をかけねば、わたしは神様には気づかなかった。

彼女がわざわざ乗りかけた車から降りてきてくれて、手を握って「God bless you」と言ってくれたことに素直に感謝すること。そうやって自分から感謝しようとする気持ちが大切なんだろう。それは取ってつけたものではなく、見返りを期待せずに奉仕する、一見すれば意味がないじゃないかと切り捨ててしまうような行為の中に神様を感じられる瞬間が隠れている。

互いに名前も素性も知らない。それでも何となく温かい気持ちになり、わたしは嬉しくなった。遮断機が下りる音が聞こえアヴェイロ行きの鈍行がやってきた。足取りが軽くなった。

ヴィアナドカステロは中世を色濃く残した小さな町で、その中心部には石畳の路地が続き商店が規則正しく軒を連ねていた。

イブの二十四日の昼に着いて、その足で観光局にいって地図をもらった。キリスト教圏ではもっとも大切な日なのでホテルなどはどこも満室ではないかと心配していたら、逆に部屋は空いているところがほとんどだった。イブとクリスマスの両日は家族と家で過ごすのが一般的なので、列車やバスは混み合うものの、大概のホテルは予約なしで宿泊できる。パリやロンドンなら話は違うが、ここはポルトガルである。しかもヴィアナに観光客が集まるのはほとんどが夏らしいのだ。

観光局でもらった地図を見て安い宿の名前を聞いて印をつけてもらいそこを目指して歩きだした。

ポルトガルでは一般的に通りの名前と番地で住所が決まる。番地と言っても日本のように区画を表すのではなく一軒ごとに玄関の上に番号がありそれが番地になっている。だからアルメイダ通り六十五番といえば一軒しかない。目指すホテルは商店街にあるはずだった。

そんなわたしに背後から声がかかった。振り返ると小柄で優しそうなお婆さんだった。何かを言われたが言葉がわからない。お婆さんは外人慣れしているのかゆっくりとした口調で話し始めた。

「ホテルを探しているの」

「はい、そうです」

「じゃあ、うちの部屋はどう、すぐそこだから見に来なさいよ」

感じの悪くない人だったのでわたしは付いて行った。

ポルトガルでは貸し部屋をする人が多い。一つはコインブラのような学生街、もう一つが夏のバカンスを過ごす観光地である。ヴィアナは後者に当たる。お婆さんはたまたま歩いていた東洋人の旅人に声をかけて自分の部屋を売り込んだのだ。

そこは商店街の外れの三階建ての家だった。

一、二階はお婆さんの家、三階が貸し部屋だった。案内されたら六畳ぐらいの部屋に大きなベッドと小さな机、そしてクローゼットがあり、あとは共同トイレと洗面所、それにシャワールームがあった。共同と言っても他の部屋には誰もいないから好きに使っていいという。

値段の交渉になった。予定していたホテルは一泊五千エスクード、およそ三千五百円である。何泊するのか、と聞かれ二泊すると答えた。「じゃあ四千エスクードでどう?」

見学した段階で泊まるしかないと考えてはいたがホテルと千エスクード（八百円）しか違わない。少し躊躇するとお婆さんは「Two days 4000 esqudo」と英語で言った。二泊で四千なら安い。わたしは即決してパスポートを見せてサインをし、その場で支払ったら領収書を書いてくれた。

「これが入り口の鍵、そしてこれが部屋の鍵、後は好きにしてね、困ったことがあれば二階に来なさい」そういってお婆さんは降りていった。

宿を決めたわたしは小さなショルダーバッグを持って外にでた。クリスマスイブの二十四日はとにかくヴィアナの町を歩きまくった。河口や古城付近を含めて商店街を何度も往復した。まだ、レストランには一人で入る勇気はない。だからスーパーマーケットでパンとチーズとハム、そしてワインを買った。スーパーでなら喋れなくても見て選べるから問題はない。明日はどの店も閉まるからその分まで大目に買い込んでおいた。

歩き回っている間に店主が優しそうなカフェをチェックしておいて勇気を出して入ってみた。そんな小さなことを繰り返して少しずつ度胸をつけていった。幼稚に見えるだろうが、当時のわたしにはそれが精一杯だった。

町にはクリスマスの装飾品やイルミネーションがいたるところに施されていたが、どれもこれもまるで幼稚園か小学校を飾る程度のちゃちなものばかりで、まったく華やかさはどこにもない。日本のクリスマスともなると恋人たちがおしゃれなレストランで食事をしたり、丸の内や青山辺りにある見とれるほどのイルミネーションが有名であるが、ヴィアナにはそんな喧騒も活気も何もなかった。だが地味な中にも威厳が漂っていた。ちゃらちゃらした豪華さではなく、誠実で深い信仰心とでも言おうか、そんな確固とした意思があった。

そして翌二十五日、本当に町から人影が消えた。

歩いていて出会う人といえば正装して教会に向かう家族連れぐらいなものだった。昨日の内に買っておいたパンを食べて人気のない街をぶらぶら歩き回った。そんなわたしをもの珍しそうに見つめるのは野良犬たちだけだ。《あっ、外人だ》という目つきで見てくる。いくら歩き回ってもどの店も閉まっているので早々と宿に帰るしかなかった。

早めの夕食を済ませワインを飲んでいたらノックの音がした。ドアを開けた途端「ボア・ナタール（メリークリスマス）」といってあのお婆さんが立っていた。その手にはグラスのポルトワインとクリスマス用ボーロの大皿があった。

ボーロというのはクリスマスの時期に食べるお菓子でこれとポルトワインをいただくのがこの国の定番だ。中には新年にかけて食事代わりに毎日ボーロを食べる家もあるという。

「いつもは誰もいないけど今年はあなたが来てくれたわ」お婆さんはそう言ってくれた。なんて優しいんだろうか。見ず知らずの旅人にここまでしてくれる。

日本で買ったガイドブックに書かれてある記事のほとんどがスリや置き引き、引ったくりの被害者の話ばかりだった。確かに言葉の不自由な日本人は格好の的かもしれない。でも、全員が盗人であるわけではない。コインブラB駅であったおばさんといい、ヴィアナでのこのお婆さんといい、ものすごく良い人たちである。疑心暗鬼になって必要以上に構えすぎると旅自体が面白くなくなる。もっと自然体でいいはずだ。

少しずつわたしの中で勇気が育っていた。この小さな旅がわたしにとって何かの契機になるかもしれない。

しかし、思いもよらぬ出来事がわたしを待ち構えていた。

ボーロは全部で七種類、形はさまざまで一つの大きさがショートケーキの半分強ぐらいと想像していただきたい。ポルトワインは食後酒として飲まれるもので口当たりが甘く味もかなり濃厚である。

問題なのはボーロの方だ。

甘いものが苦手だった。食べなくはないが好きではない。でもせっかくいただいたのだから全部食べないと失礼だ。フレンチトーストみたいなものをまず一口食べた。

甘い、なんてものじゃない。砂糖をそのまま食べているより甘い。従来ポルトガルのお菓子はかなり甘めである。しかしボーロにいたっては限界まで甘くしてある。食べた途端に口いっぱいにのべっとした重い甘さが広がり一気に生唾がわきだしてきた。そして強引に飲み込んだ後も糸引くようなべたつきが口の中に居座る。二口、三口続けると全身に鳥肌が立ってきた。これをボーロがなくなるまで続けないといけない。

残す事は失礼に当たる。その思いだけがわたしを突き動かした。ポルトワインは早々に飲み干し、スーパーで買ったワインも半分ぐらいしか残っていない。もちろんクリスマスだから部屋の気温は低い。ストーブはあったけれども小さいものなので室内でも分厚いダウンジャケットは離せなかった。そんな室温の中でも額から汗が噴き出してきた。いったいなんの汗なんだろう。

すべてを平らげる頃には舌の感覚が麻痺していた。すぐさま歯を磨いてうがいをしたけれども口内には甘さがべっとりと残っている。しかし残さず食べた。わたしは皿とグラスを丁寧に洗ってから二階のお婆さんの所へ返しに行った。

「ごちそう様でした。とても美味しかったです」

ウソつけ！って腹の中で叫ぶ。

「お腹が一杯になりました」

わたしは妊婦のようなジェスチャーをしてグラスと皿を返した。お婆さんは満足そうだった。

部屋に戻ったわたしは明日からの予定を考え始めた。

このまま内陸部のミーニョ地方に行くか、それとも一端ポルトまで南下するか、あるいは国境を越えてキリスト教の聖地であるスペインのサンティアゴ・デ・コンポステーラまで行くか。気ままな旅ではこうやってどこに行くかあれこれ考えているのが至福のときである。ただ口の中はまだニュニョニュニョのままだった。

ノックの音がしたのはそのときだった。

ドアをあけるとまたお婆さんがいた。「ボア・ナタール」もちろんその手にはポルトワインとあのボーロがあった。どうやらお腹一杯のジェスチャーをもっと欲しいと受け取ったらしい。ニコニコ顔の可愛いお婆さんに「ムイント・オブリガード（どうもありがとう）」と引きつりながら心にもない言葉を返した。

過剰な気くばり、悪い癖だ。

皿とグラスを洗って返さなければよかった。洗ったあと部屋においておけばこんなことにはならなかったのだ。いやジェスチャーなどしなければよかったのだ。ボーロを入れるパックも持っていないし包む紙もない。

やはり食べるしかない。甘いポルトワインすら辛口の純米酒に感じる。

あまりにもこの旅がすばらしすぎたのだ。無事であるだけでなく、良い人に出会え神様を感じ、ほのぼのとした気持ちになり、お金もあまり使わなくてすんだ。そうしたことを思い返しながらボーロをいただけることにも感謝しないと……God bless you、いやGod help me, pleaseである。

ともかく、ボア・ナタール。

Ⅱ　虫歯とアラブと野良犬と

一九九九年七月、生まれて初めて虫歯になった。それまでは痛がっている他人を見て、腹の中で「なにを大げさに」と考えていた。だからこんなに痛いものだとは思ってもいなかった。ゴメンナサイ。

ポルトガルにきて一年が経った頃、わたしはマリアさんの家からブラジル通りにある部屋に引越しをした。部屋といっても３ＬＤＫのマンションで、おまけに家財道具が一式揃っている物件だった。

で、気になる家賃は……。驚くなかれ一ヶ月わずか三万円なのだ。居間には暖炉もあったし、ベッド、テレビ、ビデオ、食卓、食器、ソファ、ゲストルームまですべてが揃っている。これは掘り出し物ねとマリアさんも語っていた。

そんな幸運のツケが虫歯になって現れたのか、それともノストラダムスの予言が降ってきたのか、とにかく痛い。一定の周期でまるで電動式の錐を使って奥歯の根元からジーンと神経を突き刺される、そんな痛みが一日中続く、もちろんぐっすりと寝てなんかいられない。夢の中で歯が痛くなって目が覚めたら本当に痛いのだ。

医者嫌いだが仕方がない。大学のインフォメーションで歯医者を教えてもらって行った。行く前にとりあえず今の状態と今後の生活のこと、風呂に入っていいか、どんな食べ物に気をつけるのか、次はいつ来ればいいのか、などをポルトガル語でメモ書きして辞書も持っていった。

医者に行くのは一人でレストランに行くより怖い。誰かについてきて欲しいが頼める人はいない。

目指す歯医者はジラソルというショッピングセンターの近くにあった。入ると患者はわたししかいなかった。受付の女性にパスポートを差し出して、一緒に学生証を見せた。おっさんではあるが学生なので少しだが安くなるらしい。

カルテを作りながら彼女がポルトガル語はできるのかと尋ねてきた。

「少しだけです、三日ほど前から歯が痛くてたまりません。たぶん虫歯だと思います」と、覚えていたとおり話すと「あら、上手いじゃない」と笑った。笑う余裕などわたしにはない、また電動錐が動き出した。思わず頬を押さえてしかめっ面をした。しかし女性はそんなわたしのことなど知らん顔で学生証の番号をカルテに書き込みながら続ける。

「日本人は何人ぐらい来ているの」「ポルトガルはどう?」「コインブラは好き」ニコニコ顔である。答えたいがこっちは痛くてたまらないんだ。日本でなら早くしてくれ、と叫んでいただろうが、渋い顔つきのままできるだけ誠実に答えた。

診察室に入ると六十代後半ぐらいだろうか、眉間に皺を寄せた難しい顔をした男性がいた。わたしは持ってきたメモを見せた。それを見た先生は小さくうなずいて座るように顎で示した。虫歯になるのが初めてなので歯医者でどんなことされるのかがわからない。まず口の中を洗って、痛いところを見てもらって何やら準備を始めた。

その間一言も発しない。仏頂面のまま顎を動かして命令するだけだ。その沈黙が逆に恐ろしい。東洋人嫌いなのだろうか。とんでもない歯科医を紹介してくれたものだ。

先生が口を開けろと手のひらを広げる仕草をした。そして治療器具を患部に強く当てた。激痛が身体を貫く。「ぎゃー」と大声でわたしが叫ぶと、先生も驚いて「わっー」と叫んで後ろに飛び跳ねた。そして受付の女性も慌てて診察室に飛び込んできた。

わたしも必死だったが先生もよほど驚いたのだろう、肩で大きく息をしながらしばらく呼吸を整えていた。そして先生は女性に何か言った。彼女はそれをわたしに伝えてくれたが意味がわからない。

「辞書を持ってたわね」そういわれて辞書を渡したら彼女が引き始めた。そしていくつかの単語を示してくれた。麻酔、治療、そして化膿している、などなど一つずつ示してくれた。

「今から麻酔を打つから少し痛いけど我慢してね」そう言って彼女は親指を立てた。血の気が引いた。触れられただけでも飛び跳ねるぐらい痛いのに注射をするわけだ。わたしは大きく息を吐いて仰向けになって椅子を持つ手に力を入れて口を大きく開けた。そんな頬を女性が左右から押さえつけた。これだけでも痛い。

「ヤマトダマシイ」先生はその時確かにそう言った。それも繰り返して「ヤマトダマシイ」「ヤマトダマシイ」といいながら注射器を持った。

電動錐が脳の中枢を直接打ち抜いた。左の耳の穴から右の耳の穴に向けて尖がった針金を突き刺されるような激痛が走った。叫びはしなかったが、魑魅魍魎に取り憑かれたかのように身体をよじりながら唸ってしまった。開けた口から涎がたれる。まるでエクソシストだ。そんなわたしの横で先生はずっと「ヤマトダマシイ」と言っていた。わたしのために言ってくれているのか、それとも自分のために言っているのだろうか。

脂汗をかきながら、麻酔が効いてくるまで戦場で倒れた兵士のように、わたしは荒い息を繰り返していた。隣で先生はまだはあ、はあと肩で息をしていた。

それから治療がほどこされた。おそらく悪いところを削って詰め物をしたんだろう、そんな感じだった。それから薬をもらって明日もう一度来いと言われた。また明日もこんな痛い目にあわねばならないのかと思うと恐ろしく憂鬱になった。先生は最後にまた「ヤマトダマシイ」と言った。

そして翌日、わたしはズキズキしてきた歯を押さえて「ヤマトダマシイ」のところに行った。入ると受付の女性が明るく「Ola, Tudo bem（やあ、元気）」と声をかけてきた。ポルトガルの挨拶なのだが、元気だったらこんなとこに来るわけないじゃん、と思うと泣きたくなった。診察室に入ると「ヤマトダマシイ」がいた。

詰め物を取ってもう一度薬を塗って新しく詰め物をする。昨日よりも痛くない。「少し良くなったぞ」と初めて先生がポルトガル語を話した。「ありがとうございます」そう言うとにやりと笑った。

最後にわたしは虫歯にならないためには何に気をつけないといけないのか、と先生に聞いた。すると先生は首を振ってお手上げのポーズをとって言った。「そんなこと教えたら俺の商売あがったりだろう」その答えにわたしが笑った。先生は嬉しそうにまたヤマトダマシイと言った。

ヤマトダマシイは良い人なのだ。

＊

コインブラ大学の外国人コースは初級・中級・上級コースに分かれていて、上級コースになるとポルトガル語は、ほぼペラペラ状態で生活するうえで何の不自由もない。もちろんわたしは二年目も初級クラスだった。

クラスには中国人、マカオ人、ノルウェー人などがいて少し遅れてモロッコ人もやってきた。みな若者ばかりなので授業以外に会う機会は多くはなかったが、付かず離れずで付き合いはしていた。

放課後や週末などは特にいくところもないと、レプブリカ広場のカルトーラというカフェにみんな集まってくる。そして拙いポルトガル語で会話が始まる。

よく韓国人たちと一緒にいる機会があって、互いの国のことや風習のことなど語り合い、時には誰かの家でパーティーなんてこともあった。アパートに帰っても誰がいるわけでもないから、たまにそうした場所に誘ってもらうことはありがたいことだった。

そんなある日のこと「国花」の話題になった。

日本の国の花って何か、桜なのか菊なのか梅なのか、いったいどれなのか？　十名ほどの留学生が集まりああでもない、こうでもないと話しているうちに大使館に聞いてみようということになり、リスボンの日本大使館に電話した。電話にでた人は「わからない、おそらくは桜か菊のどちらかだと思う」という。仕方がないからわざわざイギリスの日本大使館に電話をかけた。すると「菊でも桜でもどちらでもいい」とのことだった。本当なんだろうか。

その「国花」当てクイズには負けた者が「中華料理をおごる」というオプションがついていたので盛り上がった。そして梅を主張したわたしが負けた。もちろん想定内である。

少なくとも夢はあるけれど金がない若者よりか懐具合は良い、それに困ったときには助けてもらっているからこんなことでしか恩返しできない。だから悔しい振りをしながらも連中には好きなだけ食べさせてやろうと思った。

中華料理屋は間違いなく世界中にある。南極にもあるんじゃないか、と思えるぐらいだ。コインブラのバイシャ地区の店に総勢十名ほどで訪れた。気心知れた仲間同士、酒を飲み、些細なことで笑い合い、楽しいときを過ごした。そんな中にモロッコ人のハッサンもいた。将来は海外で働きたいという希望を持って彼はコインブラにやってきた。

「まずはポルトガルで働いて次はマドリッドに行って働くつもりなんだ」どうして最初からマドリッドに行かないのか、と聞くとマドリーは物価が高いといい、次にアフリカ系の人間には手厳しいからだといった。そういうことがあるのだと初めて知った。「植民地時代にポルトガルはアフリカから連れてきた奴隷を殺さなかったが、スペインでは皆殺しにしたんだ」ハッサンはそう言った。史実はどうかわからない、ただ彼の中には歴史が生きていた。民族の重さをわたしは初めて感じた気がした。

およそ十数名で食べまくっても二万円に満たない。こうやって寂しさを紛らわしているのだ。いやらしい言い方だが金で孤独を埋め合わせているといえる。そんな自分の本音がまざまざと見せ付けられた気がした。店を出たあと若い連中はこぞって次の店に向かっていった。

翌週になって日本人のH君から連絡があった。

その頃のわたしは大学の授業にはほとんど顔を出さずに午前中にスポーツジムに行って、そのあと家で過ごすか買出しをするかして夜には自宅で夕食を取る生活だった。そしてサッカーがある時はルイスの店に顔を出していた。

「明日の午後って時間ありますか」そう聞かれてあると答えると、できたら大学に来てもらえないかという。

Ｈ君は留学生仲間のリーダー格で現役の外大生だった。責任感が強くなかなかの男である。そんな彼の奥歯に物が挟まった言い方が気になった。理由を聞くと「実は……」と重い口調で話し出した。

問題になったのはハッサンだった。ものすごく落ち込んでいて元気がないという。その理由を聞いても誰にも話さずに、わたしになら話すと言っているらしい。とりあえず時間を決めて電話を切った。

翌日、大学に行き教室に入ると懐かしい顔が並んでいた。しかしハッサンの姿がない。Ｈ君に連絡を取ると大学内のカフェにハッサンといるとのことだった。行ってみると確かにハッサンは元気がなかった。Ｈ君は機転を利かせてわたしたち二人にしてくれた。するとハッサンはその理由を語りだした。

「セニョール（わたしのこと）、俺はとんでもないことをしたかもしれない」

「何のことだ」

「もうダメだ、とんでもないことをした」

ハッサンは今にも泣き出しそうだった。わたしは何がなんだかわからない。失恋でもしたのだろうか。

「ハッサン、落ち着いてゆっくり話してくれ、俺にわかるポルトガル語で、ゆっくりと」

そういうと彼は話し出した。

ハッサンは初めての中華料理をいたく気に入って喜んで食べていたのだが、翌日になって豚肉を食べたのではないかと疑いだし、もしも食べたのであればイスラムの教えに背くことをしたと考え出したのだ。「取り返しがつかないんだ、セニョール」ハッサンは本当に後悔し、自分を責めていた。

確かに豚肉の料理もあったがハッサンが手をつけたのは鶏肉料理だから心配ない、とわたしは言った。でも彼は信じない。実際に彼の前には豚肉を出さなかったし、一緒に行った韓国人たちが気を利かしてそうしてくれたのだ。そのことを彼に説明したがポルトガル語が堪能でないハッサンにはうまく伝わらなかった。そこでイスラムの世界では年配者の言うことが一番だという理由からわたしになら話すといったらしい。

「信じていいんだな、セニョール」

「ああ、嘘じゃない、何なら他の連中にも聞いてみてやるから」

「それはやめてくれないか、セニョールがそう言うなら俺は信じるから、ありがとう」

話を聞いてそんなことだったのか、と軽く考えたものの、彼にとっては軽い問題じゃないのだと思い直した。少し気を取り直したハッサンはそこから話をしてくれた。

＊この話は同時多発テロが起こる以前の話である。

実はハッサンはコインブラに来るまでにフランスとドイツに行ったことがあった。もちろん観光などではない。

「フランスなら言葉ができるから何とかなると思っていた」でも、行った先のマルセイユのレストランで働き始めたものの、アラブ人の多くがアルジェリア系で、モロッコ人だというだけで迫害されている者も少なくなかった。さらに店の近くの旧市街は治安が悪く、昼間でも気をつけないといけなかったらしい。またフランス純潔主義を唱える極右の人たちがアラブ人狩りをすることもあるらしかった。

「警察に言ってもよそ者には何もしてくれない。働きたいだけなのに、それで一度モロッコに帰ってからドイツに行きなおしたんだ」

しかしドイツでもさらにひどい現実が待っていた。トルコ系の移民への迫害は日本でも報道されていたが、東南アジア系やアフリカ系の人々への嫌がらせはフランス以上だったという。またネオナチの台頭も著しく、スキンヘッドの連中と出会ったら何されるかわからないとハッサンは語った。

結局、ドイツからまたモロッコに戻った。だが仕事があるわけじゃない。家族とも相談してスペインに行こうと思ったものの、当時のスペインの失業率はフランスやドイツ以上だったそうだ。だから消去法でポルトガルが選択肢になった。もちろん仕事を見つけられる可能性はきわめて低かった。「何もしないまま家にいるなんて耐えられない。父親も兄も働いているのに自分だけが男のくせに働けないいんだ」ハッサンの語気が強くなった。

「だからポルトガルに来た。リスボンはアフリカ系の移民が多いからコインブラに来たんだ」そして奨学金やビザの問題で都合が良いから大学に籍を置いているだけで、できるならすぐにでも仕事を見つけたいといった。

「ヨーロッパには自由があると思っていた。でも実際にはない。ここではお金を持っている人しか受け入れてくれない」ハッサンは肩を落とした。

話を聞いているうちにわたしの方がまともに彼を見られなくなった。

毎日、ハッサンは学食で三十円の朝食を半分残してそれを昼食に当てて、夕飯は定食を大盛り（無料でしてくれる）で頼む。酒も飲まねば煙草も吸わない。カフェに行ってもほとんど注文しない。気の毒に思って奢ったことだってある。そんな時に彼はわたしと神様に感謝して一杯のミルクコーヒーをゆっくりと飲む。もちろん一日五回の祈りを欠かすこともない。質素で誠実で信仰心の厚い人間である。

そんな生活を送りながらハッサンは毎日のように大学の留学生支援センターでアルバイトを探し、店員募集の張り紙を見てはその店に雇ってもらえないかと足を運んだ。それでも仕事は見つからなかった。

「でも、いまはそういう時期、きっとこういう時期が今のぼくには必要なんです」そう言ってやっとハッサンが笑った。

豚肉を食べたかもしれないと思ってひどく落ち込んでいたことを、軽い気持ちで茶化されたら嫌だったので他のみんなには内緒にしておこうと口裏を合わせた。

わたしはハッサンに何かできることはないか、と聞くと彼は話を聞いてくれただけで十分ですと言った。続けてわたしでよければいつでも連絡をくれと言った。

苦しいとき辛いとき、誰かにその気持ちを語ることで楽になることがある。しかしなかなか素直に辛い、苦しいと言いずらいし、またそう言うことが弱音を吐いている、あるいは怠けていると思われるのではないかという畏怖がある。

でも、働けない自分を叱咤激励しながらギリギリの生活をしているハッサンは愚痴をこぼしたり、責任転嫁したりすることはなく「この苦しみは今の自分に必要は体験で、将来必ず役に立つこと」として受け止めている。そんな彼はすがすがしかった。信じる力、生きる力ってすごいとも思った。

自分を信じる、夢を諦めない、努力を重ねる、と言った耳障りの好いフレーズは昔から好きではない。なぜならそう言えばすべてをオブラートに包み込んで、いかにも正しいことを語っているようにカモフラージュできるからだ。しかしそのわたしの考えにも歪みがある気がする。

仕事がないから外国に行かざるを得ないモロッコ人のハッサンと仕事があっても働きたくないという日本のニートとの差。もちろん一概にニートが悪いというつもりはない。でも、働こうと思えば働ける環境で働かないことを選択できる生き方をハッサンが聞いたらどう思うだろう。考えてみればわたしだって同じだ。仕事をやめて気ままに地球を半周してきたのだからニートのことをどうこう言える立場にない。

話が終わってから、ケバブを出す店があるから一緒に行こうと誘った。するとハッサンはその誘いを丁寧に断った。

「セニョール、奢ってばかりも奢られてばかりもだめ、こんど僕がセニョールにクスクス（モロッコの郷土料理）を作ってあげるから、その後に連れて行ってください」

純粋にハッサンに喜んで欲しいだけだった。でも喜んでもらう方法は何も奢ることだけじゃない。また自分のいやな部分が見えた。まだまだ、わたしは未熟者である。

＊

ブラジル通りのマンションに暮らし始めてしばらくしたら風呂の排水がおかしくなった。すぐに最上階に住んでいる大家さんに直してくれるように頼みにいった。

ポルトガルでは賃貸物件の契約するとき不動産屋を通すことは少なく、持ち主と直接契約する場合が多い。とくに学生街のコインブラでは圧倒的にそういうケースがほとんどである。最初に二ヶ月分支払い、その代わりに最後の月には支払わないという単純なシステムである。

大家さん夫婦は棟の最上階の一番大きな間取りのマンションに住んでいた。二人の家政婦さんを雇い、車もベンツである。相当なお金持ちらしい。

話をしにいくと奥さんの方が風呂の様子を見に来てくれた。栓を抜いて湯を流すと洗い場の排水口から逆流してくるのである。

「わかったわ、あなた明日の午後に家にいるの」「はい、二時ぐらいからはいます」「じゃあ修理に来てもらうようにするから、それでいい」「ええ、結構です。ありがとうございます」この頃になると少しポルトガル時間に慣れてきた。おそらく早くても夕方ぐらいしか業者は来ないだろう。ジムに行って買い物をして家に帰ってきたのが午後四時ごろ、もちろん、誰かが来た形跡はないし電話もない。夕食の準備をしながら時間をつぶしてもまだ来ない。マンション前の広場にあるカフェに行って帰ってきてもまだやってこない。

結局、チャイムが鳴ってスーパーマリオのような口ひげを蓄えた中年男がやってきたのは七時近かった。事情は大家さんから聞いていたらしく排水口をあけて、持ってきた器具のホースを差し込んで作業を始めた。わたしはバスルームの入り口に立っていた。

彼は作業をしながら、ポルトガルにいつ来たのか、好きか、言葉はできるようになったか、などと質問をしてきた。そして十五分ほどで直ったといった。どうやらいろんな細かなごみが詰まっていたらしくそれを取り除いたのだという。「これで大丈夫だ」と笑って帰っていった。

でも翌日同じことが起こった。だからまた大家さんに話に行った。すると奥さんが「六階に住んでいる人だから直接言ってくれる、わたしたちはもう料金を払っているから」と言った。

なんでこちらが動かないといけないのだと思いながらも六階にいってチャイムを鳴らした。

でてきたのは女性で、どうやらスーパーマリオの奥さんらしい。事情を説明していると後ろからコリー犬が顔を出した。思わず笑顔になってしゃがみこんだ。

「あら、犬が好きなの」

「ええ、大好きです」それがきっかけだった。「彼はすぐに戻ってくるから入りなさい」奥さんにそう言われてあがらせてもらうとコリー犬以外になんと猫が七匹もいた。

奥さんの名前はスリーナと言った。

ソファに座らせてもらうとカティという名のコリー犬が近づいてきた。そして居間のあちこちにいる七匹の猫も初めて見る東洋人をもの珍しそうに眺めていた。スリーナさんは七匹の猫を一匹ずつ抱っこしてきては名前を教えてくれるのだが覚えられるはずもない。ティト、チョビ、メレーズ、ガビ、ギューリ、などなど、とにかく七匹、黒が三匹、シマ模様が二匹、灰色が一匹、白が一匹だったと思う。紹介している最中にスーパーマリオが帰ってきた。彼の名前はアメリコという。

「やあ、どうしたんだい」握手をしたあとに同じことが起こっているといい、決して直っていないとは言わなかった。

「そうか、じゃあ又行くよ」

「できたら明日来てくれないだろうか、明日の今ぐらいでいいから」

「わかった、明日の夕方に行くよ」

とにかく来てもらわないと風呂が使えない。日本人としてこれはちょっと困る。

翌日、まさかと思っていたが七時になってもアメリコさんは来なかった。すぐ下に住んでいて昨日約束したのにこれである。どうしようかと思ったがやはり家に行ってみた。すると夫婦揃って夕食を食べていた。「やあ、どうしたんだ」とアメリコさん。

それはないだろう、昨日お願いしていた風呂を直してほしい。わたしがそう言うとそうだ、そうだと頷いていま食事しているから後で行くよ、という。アメリコさんの家に行ったのが午後七時ぐらい、ようやく来てくれたのが午後九時である。しかも道具と言えば長い針金のようなものを持っているだけである。

「ピシュカドール（釣り人）が来たよ～」と陽気にいう。一杯飲んでいるんだろうか。とにかく風呂場にいってもらって排水口に針金を突っ込んでごちゃごちゃとかき回しながら詰まっていたごみをかきだしていった。昨日のホースのついた器具はなんだったんだろう。

「これで大丈夫だ」昨日もそう言ったはずだ。

「一人で住んでいるのかい」

「はい、そうです」

「そうか、困ったことがあれば家にくるといい」

「はい、ありがとうございます」

アメリコさんはそう言ってから身構えたと思うと「カメハメハ」と叫んでドラゴンボールの真似をした。思わず引きつった笑みを浮かべた。

どう反応するべきなのかわからない。

思えばシャワーで済ます国の人に湯船に浸かってのんびりする心地よさはわからない、あるいは修理を頼む時にそこまで説明しなければならなかったのかもしれない。難しいけど郷に入れば郷に従えで、わたし自身をポルトガルに合わせるしかない。

住んでいたマンションは各フロアに二住宅しかなく、八階建てなので全部で十六世帯が入っていた。ちょうどカステラを縦長にしたような細いビルだった。その前にはサンジョアン広場と駐車場があって、周囲には数棟のマンションが立ち並んでいた。それぞれのビルの一階には小さな個人商店やカフェがあり、キャッシュディスペンサーも二ヶ所あったので非常に生活しやすい場所だった。

ただ、野良犬が多い。

ポルトガルでは、野良犬はリスボンから田舎町に至るまでどこに行ってもいる。しかも子犬から大型犬までうじゃうじゃいる。さらに犬を飼っている人も多く、散歩の時に後始末をしないから、いたるところにウ〇〇が落ちている。リスボンの日本人学校にきたNさん一家のご主人はリスボンに到着したその日の内に五回も踏んでしまい、翌日から履く靴がなくなったそうだ。それぐらい多い。

サンジョアン広場にも数匹の犬たちが根付いていた。大きいのはシェパードぐらいあり小さいのは豆柴ぐらいである。だが、野良犬たちは非常に穏やかで人に噛み付いたりすることなどなく、吠えることもほとんどない。広場にある個人商店の女将さんのシルビアさんに言わせると、野良犬は食べ物を人からもらうしかない、だから愛想よく振舞う術を覚えたのだそうだ。真意かどうかはわからないが犬好きのわたしはよくシルビアさんの店で犬用のビスケットを買って犬たちに振舞っていた。

数週間もするとわたしの顔を見ると連中は尻尾を振って寄ってくるようになった。全部で五、六匹いた。わたしのお気に入りはその群れの三番手あたりの短毛でブルドッグに似た犬だった。動きが鈍くいつも大きな目をぎょろりと向けてくる。他の犬はビスケットを投げてやると上手くくわえるのだが、その犬はそれができない。だから落としてしまうと他の犬に取られてしまうのだ。勝手にダッペと名付けたその犬はわたしが住んでいる棟のそばにいることが多くなった。

ある日ダッペにビスケットやっている時にスリーナさんにあった。彼女も筋金入りの動物好きなのでほとんどすべての野良犬を名前で呼び、野良犬たちも彼女の言うことをよく聞く。ダッペも同じだった。

スリーナさんはこの群れのリーダー犬の頭をなぜながら「こいつはイエナというの」と教えてくれた。それから一番小さな柴犬に似た犬はボビー、それからジョアンナ、カリム、ダッペの本名はカダフィというらしかった。

野良犬が多い理由はやはり捨ててしまう人が多いのと同時に家から逃げ出す犬も多いらしい。スリーナさんはメス犬のジョアンナを抱き上げるとお腹の手術のあとを見せてくれた。避妊手術をポケットマネーでしたのだという。「このボビーもジョアンナの子ども、他に二匹いたけど死んじゃったわ。それでこれ以上増えないように手術してやったの」なんでも食べ物がないから子犬を食べてしまうことがあるという。

思わずぞっとした。

そんなポルトガルでは犬捕りという仕事がある。野良犬駆除専門の人たちで苦情が多い地区からの要請で野良犬を捕まえに来るらしい。「その人たちは必ず朝早く大きな網を持ってくるの、だからわたしは必ず朝起きたらいないかどうかたしかめるのよ」スリーナさんの語気は強くなる。

しばらくして実際に犬捕り屋たちがサンジョアンに来た時があった。日曜日の早朝である。ポルトガルでは日曜日の午前中は教会にいく人以外ほとんどが家で過ごす。過ごすというよりは土曜日の夜遅くまで起きているので寝ているといった方がいい。そんな朝、広場に怒鳴り声が響いた。声の主はもちろんスリーナさんである。

「いったい、あんたたちは何の権利があってここの犬を取りに来ているの」

窓を通してもスリーナさんの怒号が聞こえてくる。大きな網を持った太った男性二人組みはタジタジである。スリーナさんの後ろにはアメリコさんがいてカティも一緒にいた。わたしは窓からその様子を見ていた。もちろん野良犬たちは姿を見せない。

犬捕り屋さんも好きでしているわけではないし、要請があったから仕事をしているだけである。元はと言えば捨てたり逃がしたりした飼い主が悪いわけだ。だが、今さらそう言っても仕方がない。現に野良犬は群れを作っているわけで、この辺りにも犬嫌いな人だっている。

それでもスリーナさんは頑として後に引かない。結局、犬捕り屋の男たちは帰っていった。その日の昼食にカレーチャーハンを作ったのでスリーナさんたちにおすそ分けを持っていった。実際にはそれを口実にカティに会いたかったのである。

アメリコさん夫婦には子どもはいない。だから余計にペットに愛情を注ぐのかもしれない。今朝の一件を話したら「スリーナはいつも動物の心配ばかりしているんだ」とアメリコさん。「だって犬たちだって好きで野良犬になっているんじゃないのよ」とスリーナさん。

「でも人間は昔から家畜を食べていたじゃないか」

「犬や猫は家畜じゃないわ、家族よ」

「そうだけど闘牛だって古代ローマの頃から続いているんだ」

「あんな牛を殺して何が楽しいの、自分の家族を人前で殺せるの、あなたは」

「家族じゃないよ、牛は」こんな調子で言い争いが始まってしまい、わたしは火をつけてしまったことを反省しながら世界卓球の試合を観戦しているかのように二人のやり取りを交互に見つめていた。

「あなたの意見はどう、闘牛に賛成なの、反対なの」スリーナさんが刺すような目つきで問い詰めてきた。

いきなり振られても困る。アメリコさんも意地になっているようだった。

「日本には闘牛がないし、見たこともないからわからないです」

「殺すのよ、それはどう思うの」

「スリーナ、殺すのはスペインだよ、ポルトガルは殺さないんだ」

「人前で殺さないだけじゃないの」

「だって牛なんだよ、ぼくたちだって食べているじゃないか」

「それは理屈よ、食べるからどんな殺し方をしても良いというの」

チャーハンを持ってくるんじゃなかった。カティは困った表情を浮かべたわたしの横におとなしくしている。「大丈夫、いつものことだから」そう言っているように思えた。

とにかくカティは本当に頭のいい犬だった。青色のぬいぐるみを取っておいでとアメリコさんがいうと五、六色の中から青いものを咥えてくる。黄でも赤でも問題はない。散歩の時はもちろんノーリード、どこに行くにも飼い主のすぐ後ろを歩き、他の犬が来ても決して慌てることもない。だいたい夕方頃にスリーナさんが広場のあたりで散歩させているからわたしと出会うと尻尾を振って歓迎してくれる。そしてカティはサンジョアンの野良犬たちとも仲良しである。

ただ、意外な問題があった。

「イエナたちはわたしとカティが散歩していると守ろうとするのよ、だから他の犬が近づいてくると激しく威嚇するの」スリーナさんはそう言った。実際、広場でカティを遊ばせている時には野良犬たちは遠巻きにスリーナさんたちを眺めている。けれどもそこへわたしが近づいていくとイエナはむくっと立ち上がって必ず一回はわたしとカティらの間に割り込んでくるのだ。何をするわけではないがそうやって様子を伺うのである。ダッペでもそうする。

「あなたのことはもう知っているから安心しているけど、見慣れない犬がきたら大変なのよ。イエナたちは噛み殺してしまうわ」

イエナという犬は身体も大きいしシェパードの血が混じっているらしく精悍な顔つきのオス犬である。慣れていない人がみると脅えるぐらいのオーラを持っている。けれども実際には人には従順でよほどのことでない限り吼えることもない。だが、犬には別である。スリーナさんの話によると何匹かはイエナたちの犠牲になっているのだという。

コインブラ大学内にも数匹の犬がたむろしているし、スタジアム辺りにも別の野良犬グループがいる。それぞれがそれぞれの縄張りで必死に生き抜いているのだ。「本当は行政が人を雇って犬を集めて増えないように管理して、ちゃんとした飼い主を探すことをするべきなのよ」スリーナさんはそう言った。

聞いた話だと、スイスでは犬を飼っている人は一年間に一万円ほどの犬税を払う。そのお金でゴミ箱や公園などの散歩道を清掃する人を雇うのだという。ドイツでは定年退職後の人たちのボランティアや非行少年の更生プロジェクトの一環として遊歩道や公園の清掃活動があるらしい。そうしたシステムはこの国にはない、その代わりに犬捕りの仕事がある。

スリーナさんの話では二、三年で野良犬たちの顔ぶれは変わっていくのだという。駆除されるか、車に轢かれるか、他の群れとの戦いに敗れるか、あるいは運よく誰かに引き取られるか。誰よりも野良犬たちの面倒を見ているスリーナさんだって限界がある。

同じ犬であるのにカティのように溢れんばかりの愛情を注がれる犬もいればまるでゴミのごとく捨てられる犬もいる。ここの野良犬たちにはカティはどう映っているんだろうか。

生きていくために人に従順であらねばならない野良犬の宿命など考えたこともなかったわたしは話を聞いて少なからずショックを受けた。いま目の前で安心して目を閉じてお腹を上にしているこのダッペもあと数年で消えていくことになるのだろうか。そう思うとたまらなくなった。

Ⅲ　旅と命と外人と

ダッペがサンジョアン広場からいなくなった。いつもならわたしが棟から出てくると短い尻尾を振ってすぐに寄ってくるのに姿が見えない。犬捕りに捕まったのか、それとも幸運にも誰かに拾われたのかはわからない。ただ、それからしばらくの間、夜になるとイエナが遠声をあげていた。

十一月後半になってアメリコさんが出稼ぎ先のフランスから帰ってきた。土産話があるから夕食を食べにおいでと誘われたので喜んでいった。だが、家に入ると夫婦喧嘩の真っ最中だった。どうやらその原因はスリーナさんが拾ってきたニキータとその子モーゼスだった。アメリコさんが出稼ぎに行く前にスリーナさんは一匹のメスの野良犬を拾ってきた。コリー犬の血が混ざった雑種で、カティよりも一回り大きい。その犬がニキータだった。

さらに拾ってきてからニキータが身篭っていることがわかった。やがて六匹の子犬が産まれ、五匹までは引き取ってもらったのだが、最後に生まれた犬だけはスリーナさんは手元においておくことにした。それがモーゼスである。

犬や猫がこれだけいるのにその上まだ飼うなんてどうかしている、その二匹は誰か引き取り手を捜して譲るべきだというのがアメリコさんの考えだった。一方のスリーナさんはわたしが面倒を見てきたから何の問題もないという。

子どもがいないといっても三匹の犬と七匹の猫がいるわけだから、散歩の手間や餌代もバカにならない。さらにはニキータとモーゼスはいたずら好きで、大人しいカティとはまったく正反対の性格だった。だからアメリコさんらが帰宅すると家の中がぐちゃぐちゃになっている時も少なくない。そうなれば温厚なアメリコさんだって頭にくる。

「いい加減にしてくれ、スリーナ」

「大丈夫よ、しつければ大人しくなるわ、ニキータたちはまだわからないだけよ」

でも、わたしが来たことで二人も少し落ち着いてテーブルに着いた。それからフランスの話になった。

アメリコさんが行ったのは知り合いが経営している建築会社で、二～三年に一度は出稼ぎに行くのだという。その頃は統一通貨ユーロがまだ導入されていなかったから、フランスでの給与はポルトガル人にとってはありがたかったそうだ。

アメリコさんが行った先は田舎町だったが生活はコインブラより便利だったらしく、ワインを飲んだアメリコさんは上機嫌でいろんな話をしてくれた。

「ポルトガル人は真面目だがフランス人はすぐ仕事を休むし不真面目だ、それに時間を守らないしな」と文句を言っていた。思わず心の中でよく言うよとつぶやいた。

そんな話が続いた後で食事のおこぼれをもらおうとテーブルに近づいてきたニキータを一喝したアメリコさんが言った。

「でも、こんなバカ犬が二匹もいるからせっかく稼いだお金もすぐになくなってしまう」

「アメリコ、そんな言い方はやめてよ」スリーナさんがすかさず反応した。

いざこざはあったんだろうが、最終的にニキータとモーゼスはアメリコ家の犬となった。もっぱらスリーナさんが散歩をさせるのだが、ときどきアメリコさんが三匹を連れているときがあった。すると二匹はいつもアメリコさんの顔色をうかがいビクついていた。家では相当厳しく扱われているに違いない。まあ捨て犬を拾ってきたのも、子犬を一匹残したのもスリーナさんが勝手に決めたことだから夫として腹にすえかねる気持ちはわからないわけではない。

十二月に入るとアメリコさん夫婦は忙しくなり、わたしはさらに暇になった。そんなある日にスリーナさんから頼みがあると言われた。週末に夫婦でミーニョまで行かないといけないからその間にペットの面倒を見てくれないかというものだった。水を替えて餌をやって、猫トイレを掃除して、犬はサンジョアンで歩かせてくれたら問題はないからという。

それまでに何回か手伝ったことがあったのでやり方はわかるのだが、いざ一人でするとなると大丈夫だろうかと心配になる。

「大丈夫よ、もうあなたには慣れているから」スリーナさんは平気で言う。

いろんな意味で世話になっているから断るわけにはいかない。結局、家の鍵を預かった。

アメリコさんたちが出発してから階下に行ったらいきなり驚いた。すでにニキータとモーゼスが雑誌や新聞を食い散らかしていたのだ。カティは大人しくソファで寝ていて、猫たちも箪笥や本棚の上に居座って二匹から離れている。わずか一時間ほどでこれなら一日となるとどうなるんだろう。

とにかくごみ袋を用意して散らかしたものを詰め込んでいく。二匹はわたしが良い遊び相手だと思い掃除している端から新しいごみを作っていく。これなら犬といたちごっこである。アメリコさんが怒るのも無理はない。

夕方になって三匹を散歩に連れ出した。するとサンジョアン広場を喜んで走りだした。すぐに他の野良犬たちも加わってはしゃぎまわりだした。それをわたしの横に腰を落としたイエナが見張っている。広場以外には行かないし、ニキータらが行こうとするとカティが吠えてイエナが追いかけた。

三十分ほど走り回って用を済ますと満足したのか広場の入り口に集まってくる。イエナたちは三匹とわたしがマンションに入るまで付いてきてくれる。まるでサンジョアン一家といえるほどの規律ある群れだった。

「ありがとう、今回は家が綺麗だったのでアメリコは怒らなかったわ」帰ってきたスリーナさんがそう言ってくれた。正直言って世話は大変だった。だが、それ以上にわたしには新しい感情が生まれていた。

犬が欲しくなった。たまらなく犬を飼いたくなったのだ。

ゴールデンショッピングセンターという名前は大そうだがとっても地味な雑居ビルが大学前のレプブリカ広場の先にあった。洋服から生活雑貨、そしてレストランにカフェなどのテナントが入っていて、六階にはインターネットカフェがあった。そこでしか日本の情報は手に入らないからよく利用していた。そして、そのビルの七階にペットショップがあった。

ポルトガルでもブリーダーはいるがもっぱらロットワイラーやシェパードなどの番犬が中

心で、他の犬は獣医やスーパーにある掲示板か、数少ないペットショップで探すしかない。犬種にはこだわってはいなかった。ただ、大型犬が好いと漠然と考えていた。何よりその気になっていたし、きっと飼うことになるだろうと感じていた。

縁があれば話がとんとん拍子に進むと考える方だ。店員に次に新しい犬が入る日はいつと聞いたら明日だという。そして翌日の午後に店に行ったら四匹の子犬がいた。ポインター、ボクサー、サモエド、そしてバーニーズ・マウンテン・ドッグのオスである。

生まれて初めてバーニーズを見た。

ゲージを開けてもらうとポインターとボクサーは怖がりもせずに尻尾を振ってわたしに寄ってきた。反対にサモエドは奥の方に引っ込んでいった。そしてバーニーズはその中間にしゃがんで上目使いにわたしを見て小さな尾を左右に動かしていた。

小学校の頃に実家には犬がいた。屋外で雑種を一匹、屋内でマルチーズを一匹飼っていた。そのマルチーズが亡くなったとき、泣き崩れる母親を目の当たりにしてこんなに悲しいものなのかと思った記憶がある。もちろんわたしも悲しんだが、主に世話をしていた母親は思い入れも強く、動かなくなった犬の横でずっと泣いていた。

飼うことになればいつの日かはあのときの母親と同じ目にあう。そう考えると躊躇する気持ちも少なからずあった。でも、飼うことに決めた。

店員に手付金を支払って、書類に住所とパスポート番号を書いた。するとクリスマスの翌日に取りにきてくれという。店員は「きっと良い年になるわよ」と言った。

当日の午前中にルイスとマリアさん一家にちょっとしたクリスマスプレゼントを持って挨拶にいってからアメリコさんの家にも顔を出した。そして今夜にステキな仲間を紹介するからと夫婦に告げた。「お前のナモラード（恋人）でも紹介してくれるのかい」と二人は興味深そうにしていた。

そして夕方、ペットショップに行ったらゲージにあのバーニーズがいた。残金を払って店員からふわふわの生命を手渡された。
「この子は何でも知っているわ、大事にしてあげてね」不安そうな眼差しが印象的だった。
名前は「モモ松」。すぐに決めた。ちょっ

と生意気でやんちゃなオス犬である。

その日からすべてが一変した。ありとあらゆる生活の中心に生後二ヶ月のバーニーズがでんと胡坐をかいたのである。当たり前だがあらゆる世話をわたしがしないといけない。まるで北方騎馬民族に征服されて奴隷になったようだ。

アメリコさんに見せたら「こんな可愛い犬がいるのか」といい「モーゼスと取り替えないか」と真顔で言ってきた。ともかくぬいぐるみが生きているのである。

スリーナさんがさっそく獣医を予約してくれた。寄生虫がいるから早めに連れて行くこと、あとノミやダニの類に十分注意することを教えてくれた。

「これだけ太い足をしていたら大きくなるわよ」

スリーナさんはそういってもぞもぞと身体を触ると毛の間からノミを見つけて爪先でつぶした。「ほらね、あなたもイエナたちをよく触っているから気をつけるのよ」そのノミ退治

の技術には驚いた。毛づくろいをしている猿をはるかに凌駕している（決して猿に似ている
と言ってませんから）。

まずフロアのいたるところに新聞紙をしいて、水も三箇所ぐらいに分けて置いておく。ドライフードを少なめに置いていつでも食べられるようにしておく。それとは別に栄養価の高い餌を朝晩にやること。そして甘噛みできるおもちゃを与えておくこと。

とくに大型犬だから一歳になるまではカルシウムを十分にあげなさいと言われたので、さっそく日本に電話して出汁雑魚を送ってもらうことにした。獣医で予防接種を打ってもらい、二ヶ月間は散歩させないほうがいいと言われた。

それから毎日のようにアメリコさんたちがモモ松を見にやってきた。スリーナさんは細かくモモ松の食事の量を聞いたり、ウンチの回数やおしっこの色などを聞いてきた。やはりそこいらの医者よりもたたき上げの彼女の知識は実践的だった。その間ずっとアメリコさんはモモ松の相手をしている。よほど気に入ってくれたらしい。

「ねえ、モーゼスと交換しよう」猫のぬいぐるみをモモ松と取り合いしながらアメリコさんが言う。

「アメリコ、それぐらいの愛情をニキータとモーゼスにもあげなさいよ」

見かねたスリーナさんが返した。

まもなくおしっこする場所が決まってきたので、敷き詰めた新聞紙を徐々に減らしていった。するとおしっこは決まった場所の新聞の上でするようになった。いつでも食べられるようにドライフードを置いておくと、後でもらえる餌のために我慢することを覚えた。そして少しずつ外出する時間を長くして独りでいることに慣れさせた。いずれもドクタースリーナさんからのアドバイスだった。

モモ松はすこぶる順調に育っていき、あっという間に十二、三キロまでになった。同時にいたずらが始まった。あらゆるものを破壊していくのである。

靴、シャツ、クッション、ソファなどなど片っ端から噛みちぎっていく。私物ならともかくすべての家具は大家さんのものだから壊したら弁償しなければならない。とにかく噛んでもいいおもちゃを複数与えて、そっちに気持ちがいくようにしないといけなかった。

玩具売り場で見つけたウサギのぬいぐるみは頭の辺りを触ると音楽が流れて動き出す。これならと思って買い与えたら、モモ松はすこぶる喜んで戯れていた。だが、これで一安心と思いきや、わずか一時間ほどでウサギはまるで地雷でも踏んだかのようにばらばらになって、中の機械も壊されていた。その残骸の横にはバルセロナで買ったお気に入りの革靴がよだれでぐちゃぐちゃになっていた。遊び疲れたモモ松は満足そうにお気に入りのソファで仰向けになって熟睡している。

ネットでバーニーズの飼い方のサイトを見ると困った時のQ＆Aが書いてあった。「何でも壊してしまうときには……」というQをクリックしてみると「バニは興味あるものは片っ端から破壊していき、破壊大魔王になってしまいます。気が済むまで破壊したらおさまります」とだけ書かれてる。

これではQ＆Aでもなんでもない。いったいどこが答えなのか。

外出禁止と言っても二ヶ月もずっと家においておくわけにもいかないから、ときどき車で連れ出しては柵のある芝生の中で放してやった。いろんな匂いを嗅ぎまわりながら走り回っていると、モモ松を見つけた人がどんどんやってくる。一般にバーニーズは人間好きなので何の問題もなかった。「なんて種類なの」「触っていい」と次々に来る人に可愛がられてモモ松はすこぶる上機嫌だった。

ところが、どこに行ってもモモ松は用を足さないのだ。

どうやら新聞紙がないからしてはいけないと思っているらしく、帰宅してから新聞紙の上に大量になさる。そこまでストイックになる必要はないのに、大も小も必ず新聞の上でなさる。そのことをスリーナさんに伝えると「そこまで来たら大丈夫、あとは散歩の時に嫌でもするようになるから、その時に褒めてやるのよ、そうすれば外でするようになるから」と教えてくれた。恐るべしスリーナマジックである。

いよいよモモ松のサンジョアン広場デビューの日が来た。

スリーナさんがまずイエナに会わせなさいといった。「イエナはあなたが好きだからモモがあなたの犬だということをわからせるのよ」

見上げるほどのイエナの前でモモ松はやや震えながらも頭をたれてしゃがんだ。イエナがいろんな角度からモモ松の匂いを嗅ぐ。スリーナさんがじっと二匹を見つめている。噛まれるんじゃないかとわたしは気が気でなかった。やがてイエナがモモ松から離れると他の野良犬たちも交互にモモ松を嗅いでいった。イエナはそのままわたしのところにきた。

「これで大丈夫、モモは大丈夫よ」スリーナさんが言った。

＊

久しぶりに旅に出た。リスボン近郊にシントラという小さな町がある。その昔、有名な詩人が「シントラはポルトガルの真珠だ」と形容したらしく、その景観から世界遺産になったらしい。またユーラシア最西端のロカ岬の手前なので観光地としてもそこそこ有名である。

昔からどうも遺産や名所、旧跡などといったものに興味が持てない。だからリスボンのジェロニモス修道院にもセビリアの大聖堂にも、バルセロナにあるあのサグラダ・ファミリアも、目の前まで行ったけれど入ったことはない。もったいないと言われるが、そんなところよりバルやカフェが立ち並ぶ下町界隈を歩き回る方がわたしは大好きなのである。

わたしの車はすでに三十五万キロ走っているポンコツのルノーだった。トランクに三、四日分の着替えを詰めた小さめのリュックとモモ松の餌や水、タオルなどを詰め込んだ大きなかばんを乗せ、後部座席を平らにし、その上に布団を全体に敷いて、さらにふわふわのハーフサイズのマットレスをおく。こうしておけばモモ松がごろりと寝転がっても何の問題もない。待遇はお殿様である。

シントラには多くの遊歩道が行き交っていたから、散歩に困ることはない。そして観光地だからカフェやレストランも多くある。何より都市部のようにごちゃごちゃしていない。

午前中にコインブラを出て、昼過ぎにはシントラに着いた。まずはプチホテル的な安料金のホテルに行って犬と一緒に泊まれるかを訊ねてみる。

ヨーロッパでは十中八九断られることはない。星印が五つも六つも付くような超高級ホテルかよほどの犬嫌いのオーナーでない限り別途に千円ほど払えばこれにて一件落着になる。

宿が決まってからシントラ名物の宮殿やムーア人の砦跡などは素通りしてストリートを

歩き回った。ここでもモモ松は注目の的だった。オープンカフェのウェイターやウェイトレスがにこっと笑ってしゃがんでくれたらこっちのものだ。

テラスの席を用意してもらって長めのリードを柵にくくりつける。注文がすむと従業員たちが次々にやってきてモモ松に触っていく。水を持ってきてくれたり、わざわざハムやソーセージを持ってきてくれる人もいる。モモ松は可愛がられた上に美味しいおやつをもらい、その横でわたしは昼食をじっくりと味わって頂ける。ありがたや、である。

そして料理が美味かったら夕食も予約しておく。こうしておけばその後ゆっくりと時間が使える。たくさん歩き回って、お腹一杯おいしい食事を食べて、しこたま可愛がってもらえたモモ松は大鼾をかきながら熟睡している。良い夢をみているのは間違いなさそうである。

翌日、ロカ岬まで足を伸ばした。ロカ岬はユーラシア最西端の地で、その先端に立ち大西洋を背にして記念写真を撮るのが恒例だ。

しかし、撮り終わると案内所以外に何もないので、ほとんどの人が暇を持て余して小一時間ほどで帰っていくのである。

なかなかの景観ではあるが、わたしはポルトガルで海や風景を楽しむならナザレの町が最高だと思っている。

案内所ではロカ岬にきたという証明書を発行してくれるのでとりあえず作ってもらった。名前はもちろんモモ松である。

「チッチャイホウガイイデスカ、オオキイホウガイイデスカ」受付の女性は観光客用に覚えた日本語で言ってくれた。「日本語が上手ですね」「そんなことないわよ」

その女性と話をしてみると日本人はよく来るらしいがだいたい大型バスでやってきてあっという間に帰っていくらしい。だから証明書の発行がものすごく大変なのだという。

「あなたたちにとって簡単な発音でもわたしたちポルトガル人にとってはものすごく難しい

もの」

ローマ字で姓名が書かれ日付けと捺印が押されて証明書は完成する。日本人の名前を聞いて一時間ほどで全員の証明書を作るなんて彼女一人では土台無理な話ではある。だから日本人の場合には自分たちで名前を書いてもらうこともあるそうだ。

「そうすれば間違いないでしょう」と彼女は言う。まあそれも仕方がないかもしれない。森川、森田、森山、森岡の区別は日本人だからこそできるのであってこの国の人には聞き分けることなど到底不可能なことだ。難問を通り越して珍問になる。

ロカ岬を去るときに案内所に忘れ物をしたわたしを受付の女性が呼びとめた。

「ヘイ、セニョール・モモマツ！」

そうなのだ。証明書はモモ松のものしか作っていない。まさか犬とは思っていない彼女はわたしがモモ松だと思ったのだ。そう呼びとめてくれたあとに「なかなかの良い発音でしょう」と自慢気に言った。そして連れているご本家のモモ松をみてしゃがみこんで擦りだした。

「可愛い犬ね、名前をなんて言うの」

はたと困ってしまった。モモ松と答えたら犬と同じ名前だと思われるし、急に言われても新しい名前も出てこない。思わず言ったのが「コウタロウ」だった。シントラに持っていった本が沢木耕太郎の『深夜特急』だったので咄嗟に「コウタロウ」と答えたのだ。沢木さんスイマセン。

「コタロ、へえ～面白い名前ね、どんな意味があるの」ちょっと待ってくれ！　そこまで聞いてくるか。「頭が良いという感じかな」適当に答えるしかない。

四苦八苦している横でモモ松はわたしを見上げて彼女に首筋を摩ってもらいながら「嘘をつくからや」という顔で見つめていた。主従逆転した気がした。

モモ松がやってきて半年が過ぎて季節は夏になった。毛長の身体には暑さはこたえる。ただ、ポルトガルの夏は湿気が少ないので日本のようなむっとした暑さではなく、八月でもエアコンは必要ではなかった。

できるだけ涼しい頃に散歩をさせてやろうと、早めに起きて一時間以上は歩き回っていた。またレジ袋を持って後始末だけは気を配った。どこを歩いてもいたるところに落ちているのでモモ松のものだけを処分しても焼け石に水だが、何しろ外人なので嫌な噂をされてもかなわない。それに始末はした方がいい。

以前にも書いたとおりポルトガルでは番犬を飼っている家が多い。基本的にシェパードやロットワイラーの類である。これらが躾けられていたらいいがそうでもない。家の前を通るたびに今にも飛び掛らん勢いで吠えてくるものもいる。こんな大きな犬に飛び掛られたらひとたまりもない。実際に他の犬や子どもが噛み付かれる事件もあるそうだ。スリーナさんからも危ない犬がいる家の場所をいくつか教えてもらった。

ある日の夕方サンジョアン広場でスリーナさんたち三人が立ち話をしていた。いずれも犬好きおばさんたちである。挨拶するとスリーナさんがこの二、三日の間にアルメイダ通りのほうにモモ松を連れて行ったかどうか聞いてきた。

「いや、行ってないよ」

「まあ、モモが人を噛むわけはないからね」

話をよく聞くと女の子が大型犬に襲われたのだという、幸い大した怪我ではなかったらしいが襲ったのが野良犬ではなく飼い犬だったそうだ。

「どこの犬なんですか」

「おそらくはあの家の犬だと思うけどわからないわ」

その家とは以前にスリーナさんが教えてくれた要注意の家だった。

こうした事件が起こると犬嫌いの人たちの勝手な噂が広まってしまう。そして被害届が出ると警察も黙っているわけにもいかず、まったく関係のない犬が犯人（犯犬だが）扱いされる。もちろん飼い主の責任は当然だが、犬は警察に一時預かられるそうだ。病気を持ってないかどうかの検査をする建前でかなり劣悪な場所に閉じ込められるのだという。人間で言うところの拘置所みたいなものらしい。

スリーナさんは無責任な飼い主と一緒にされたら大迷惑だと声を荒げていた。

「だいたい世話ができない人がシェパードなんか飼うからおかしくなるのよ」犬三匹、猫七匹を自在に操る肝っ玉スリーナさんの説得力は強い。

しばらくして定期健診のために獣医に行ったら市の保健局からの用紙を手渡された。そこに飼い主と飼い犬の名前と写真、予防接種のコピーを添えて持ってきてくれとのことだった。獣医さん経由で保健局に書類が行くのでわたしとしても安心である。

スリーナさんも三匹分の書類を書いて提出したらしい。

「日本じゃ散歩はどうしているの」と聞かれたのでリードを付けて散歩していると答えた。

「公園でもそうするの」

「そうです」その答えにスリーナさんは首を振った。信じられないというやつだ。

日本ではノーリードで散歩させることを認めない。せいぜいドッグランぐらいだろう。ポルトガルではノーリードで散歩させている人はかなり多い。だから事故やトラブルがよく起こる。ならば全員がリードをつけていたらかなり防げるのではないかと思うのだが、躾をしていない飼い主が悪いとスリーナさんは言う。躾けられないなら飼うべきではないと言うわけだ。

「でも、スリーナさんみたいに上手に躾ができる人は多くないんじゃないでしょうか」わたしがそういうとスリーナさんの語気が強くなった。

「そこよ、問題なのは、単に犬だと考えているからそういうの。モモだって躾をしっかりしとけばどこにいっても問題ないでしょう。カティにしてもそう。そうすれば犬だって飼い主と一緒だから安心だし何より幸せでしょう」

躾が上手くできないならトレーナーに預けて躾けてもらうべきだ、そうしないのはこれぐらいでいいって簡単に考えるからだという。厳しい意見というよりわたしには少し行き過ぎな気がした。

「わたしはカティやニキータという命を授かったのよ、あなたはモモという命を与えてもらったの。だったらその命に対して責任を持つべきなの。カティやモモが幸せなのはなぜだと思う」

わたしはしばらく考えてから大切にしてやれるからと答えた。

「ちがうわ、彼らが幸せなのは確実にわたしたちより先に死ねるからよ」

今度はわたしがしびれる番だった。

スリーナさんは事故や病気にならない限り必ず犬たちの方が先に亡くなってしまう。そのことを覚悟した上でその命を預かり責任を持って一緒に生きることを選んだ以上はどんなことがあっても彼らを安心させてやらないといけない。その安心がペットの幸せであり、そのためには躾は絶対に必要だという。

頭を硬いもので叩かれた気がした。百パーセントは無理かもしれないけどできる限りペットに安心を与えるのが飼い主の責任だという。なぜなら彼らは犬でも猫でもなく命なのだから。

すごい人だ。

＊

ポルトガルにはケージョ・フレスコという名のチーズがある。豆腐を作るときにできる湯葉みたいなもので、チーズの製造過程で生まれるものだ。柔らかくてほんのりとした香りがする柔らかいチーズである。これを焼いたパンに乗せて食べるのが好物だった。飼い犬は飼い主に似る。ケージョ・フレスコはモモ松も大好物なのだ。さらに共同生活者なのだからもらえないことなどありえないと考えている。

隣に座ってまず膝に手をかける、それでももらえないとわたしの手に自分の手を置いてくる。それでももらえないと向かい側に移動してじっと恨めしそうな目を向けるのである。こうなると負けてしまう。わたしの方が大きくため息をつくと喜んで隣にくる。寄り切ってモモ松の勝ち！　またもや負けた。

少し焼いたパンにケージョを乗せたものをクラッカーぐらいの大きさにちぎって一つずつやるとあっという間に食べてしまう。食べるというより飲み込んでいる感じだ。

アメリコさんは食事の時には絶対にペットに食べ物を分けてやることはしない。大好きなカティが側にきてもやることはしない。反対にスリーナさんはちょくちょく口に入れてやる。

「スリーナ、食事中に餌をやるのは良くないって言ってるじゃないか」

「でも、少しだけよ」

「犬や猫には少しだけなんてわからないよ」

アメリコさんの言うとおりで、ニキータとモーゼスはすぐに食卓に近づいてくる。その度に怒られてしぶしぶ離れていく。カティは慣れたもので食卓に近づくことはしない。

確かにペットの躾についてはどの本を見てもアメリコさんの意見が正しい。

「あなたが愛するペットとできるだけ多くの時間を過ごしたいのなら食事をしている時は完全無視を続けなさい。そうすることで犬は主人であるあなたが食事をしている時はじっと足元で待つものだと学ぶのです」と黒い太字で書いてある。しかし、どれだけ実践できているものなのだろう。あの愛くるしい瞳を向けられて完全無視できる飼い主などいるのだろうか。

食事のたびにモモ松に寄り切られる。するとモモ松の舌がどんどん肥えていく。だが一つの弱点を見つけた。犬用のおやつで骨の形をしたクッキーがあった。カルシウムがたっぷり、なんて宣伝文句が書かれているやつなのだが、モモ松はこれが好きではない。しかしもらったおやつを食べないのは悔しいらしく、悩んだ挙句にホーホーと奇妙な鳥のような声をあげ泣き出すのである。最初は病気かと心配したが、その餌をやるたびに泣き出すので合点がいった。

食べないから取り上げるとくれというし、もらったはいいものの、食べたくないから泣き出す。その間にわたしはゆっくりとケージョ・フレスコと赤ワインを頂く。

やっと一矢報いることができた。

＊

しばらくして八階の大家さんに話があるからと呼ばれた。家賃は月末に手渡しして、その都度領収書を切ってもらっていた。そのときぐらいにしか交流はない。一度か二度、日本のお土産を持っていったことがあるぐらいだ。やや不安になりながら訪ねるとご夫婦とわたしの三人で卓に着いた。

「実は……」話はわたしに貸している七階のマンションを売りに出すから引っ越して欲しいというのだ。「いつまでに引越ししないといけないんですか」「できれば今年中に」。十月に入ったばかりの頃だった。

最初に思い浮かんだのが犬付きで借りられるマンションがあるだろうかということだった。

幸いにしてモモ松を飼いたいと言った時には大家さんは「いいわよ」の一言だった。しかもこのマンションは掘り出し物で、それはマリアさんも認めていたぐらいである。ここと同じ条件は厳しいだろう。「明日から次の家を探します、ただ、わたしは外国人だし犬もいるのでなかなかここのように良い所は探せません。だから紹介して欲しい」とお願いした。二人は快く応じてくれた。

しかし、紹介を期待しても無駄だと感じていた。悪気があるわけではないのだが、ポルトガル人はこういう場面で動いてはくれない。もちろん個人差はある。でも大家さんに頼んだからと待っていても自分で動かないと何も変わらない。

「ジョルナル・デ・コインブラ」という新聞がありコインブラの住宅情報がそこに載っている。良い物件は出るとすぐに借り手が見つかる。逆に毎日載っている物件は怪しいと考えた方が良い。「犬がいなきゃ、大歓迎なんだけど」元大家のマリアさんにも相談するとそう言われた。

コインブラでは学生たちを当てにしているから賃貸マンションは多い。彼らは三〜五人でそこをシェアして暮らしている。そういう理由でそんなマンションが空くのは学期末の六月〜八月に集中する。だから十二月末までは学生はまだ動かない。となるとある程度高額になるのを覚悟しないといけない。

とにかく新聞で探すこととサンジョアンと同じ感じのマンションが立ち並ぶ場所を歩き回って貸し出し中の張り紙を探すことだ。

スリーナさんにもルイスにもあったら教えてとは頼んでいたもののやはりそうは期待できない。とにかく十月中は範囲を広くして回ってみようと思いコインブラ市から少しはなれた場所にも足を伸ばした。田舎に行けば安い物件はあるにはあったがともかくすべてが古い。それに何より今まで知り合った人たちと離れるのはデメリットが多すぎる。何とかコインブラ市内で探す方がいい。

十月の終わりごろになって、わたしは大家さんに今年中に見つからなかったら来年の八月までいさせてもらえないかと懇願した。もちろん家賃が高くなっても仕方ないし、それまでの間に見つかればすぐに引越しするからとも言った。でも二人の表情がノーと語っていた。う〜ん。今まで海外生活が順調にきすぎていたのか。焦りが大きくなっていくばかりである。

とにかく歩き回った。けれども見つからない。十一月も最終週に入る頃にはかなりヤバくなった。もしもマンションが見つからない時はどうするのかと自問する。モモ松と安いペンションに連泊する、あるいはモモ松を業者に預けてわたしだけがマリアさんのところに次の家が見つかるまで住む。こうなったら郊外の古い家でも文句は言えない。それでもダメなら帰国するしか術がない。アメリコさんはこの時期に出て行けなんて言う方がおかしいと言ってくれたが、わたしのことで大家さんと険悪になってほしくなかった。

貸し手側から借り手に退去を求める時は三ヶ月前が一般的らしい。だから大家さんが悪いわけではない。でも、わたしは嫌な感じがぬぐえなかった。何とかなると考えようとしてもマズいことになるのではという予感が心のどこかで鬼火のように燻っていた。

ジラソルショッピングセンターの近くにやや高級そうなマンション群がある。ときどきモモ松を連れて散歩する場所だったので何度か歩いたことがあった。とにかく見つけないといけないので賃貸物件の広告が張ってないかと見回していたがそれらしきものは何もなかった。しばらくしてまたそこを通ったときに「売り出し」の紙が三階のフロアにあった。それは以前から何度も見たことがある。とてもじゃないがマンションを買うなんてできない。でもまったく当てがなかったので試しにそこに書かれていた電話番号にかけてみた。

「ボン・デイア（おはようございます）実はわたしは……」つたない言葉で何とか説明した。家具付きの賃貸マンションを探していること、日本人なのでなかなか見つからないこと、売り物件なのは知っているのだが貸してもらうことはできないものか、などできるだけ丁寧にお願いしてみた。

「いや〜貸すのはできないね、悪いけど」

「そうですか、無理を言いましてすいませんでした。ありがとうございます」そういって電話を切った。

十二月に入った。いよいよお尻に火がついてきた。もしもの場合は本当に帰国せねばならない。そうなるとモモ松の移動が大きな問題になる。

動物の輸送はコンテナと同じ扱いになる。その場合には睡眠薬を飲ませて眠らせるのだが、成犬でない場合には量を間違えると大きな害を与えるという。だから必ずかかりつけの獣医に処方してもらわないとダメで、航空会社が用意してくれる薬は成犬用なので使わない方がいいらしい。

さらにはモモ松を日本に入国させる上での必要な書類も準備しなければいけない。すべての書類が揃っていたとしても検疫のために二週間は成田でこう留される。考えると目まぐるしい忙しさになる。

期限を決めたほうがいい。

クリスマスを考えると十日ぐらいまでに目処が付かなければ帰国の準備に入るべきだろう。そう考えていた矢先に携帯が鳴った。

電話をかけてきてくれたのは以前に賃貸はできないと断られた大家さんからだった。

「あんたはまだ探しているのかい」

「はい」思わず言葉に力が入る。

「貸していただけるんですか」と聞くと「NAO（いいや）」という返事だった。一気に力が抜けた。「ただ……」

その大家さんの話によるとキンタ・ダ・エストレイラという広場のマンションを持っている友人がいて借り手を捜しているという。わたしは大きく深呼吸した後で、できるだけその人と早くお会いしたいとお願いした。すると大家さんはその友人に連絡を取ってまた電話するからと一端電話を切った。

それからの時間。これが恐ろしく長かった。相手はポルトガル人である、すぐに電話がかかってくるとは限らないし、かかってきたとしても「やっぱりダメだった」で終わってしまう場合も十分にありえる。

このときばかりは祈った。キリストにアラーそして釈迦、さらに亡くなった祖父や祖母に必死で祈るしかなかった。燻り続けている鬼火を吹き消すように困った時だけの神様に祈り続けた。

つぎに携帯が鳴ったのは翌日の夜である。この一日がいかに長く、心細かったか想像してもらいたい。何も手に付かない状態とはこのことだった。食事などまともに喉を通らない。何をしていても気がかりで思い出す度に頼りない祈りを繰り返すしかない。何も知らないモモ松はいつものように大喜びで散歩に行き、イエナたちに遊んでもらって、ご飯を食べたらお昼寝である。

翌日の午後に現場で会うことになった。わたしは敢えてモモ松のことは伏せていた。犬嫌いだったらお手上げだからだ。キンタ・ダ・エストレイラはサンジョアン広場から十五分ほど歩いたところにあるマンション群で、その規模はサンジョアンの半分ほどだった。

約束の時間になると、六十代半ばの男性が同じ年ぐらいの夫婦を連れてやってきた。日本人だとは伝えていたのですぐにわかったようだ。

「初めまして、今日は無理を聞いてくださってありがとうございます」

「ほう、ポルトガル語が上手いじゃないか、わたしがアントニオ、こっちがマンションの持ち主のパレイラ夫婦だ」

「ムイント・プラゼール（よろしくお願いします）」と握手した。優しそうな人である。焦っていたので優しそうに見えたのかもしれない。

話をしたら借りることには問題にはなかった。問題なのは家具がないことと一月じゃないといま住んでいる学生たちが出て行かないことだった。でも家具は最低限だけそろえたらい い、そして入居が一ヶ月ぐらい遅れるにしても何とかなるだろう。

「あと保証人が一人必要だが当てはあるのか」と言われ「はい」と見切り発車で答えた。マリアさんかアメリコさんにお願いするしかない。

最後に残った大きな問題、それはモモ松であった。

黙っておくという選択肢もありかもしれない。でも、移ってから苦情がでて問題になったらそっちの方がやっかいである。それにペット禁止の棟かもしれない。ならば言うべきだろうが、断られたらと思うと二の足を踏んでしまう。

「中を見てみるかい」

「お願いします」三人の後ろについて棟に入った。

部屋は二階の端で間取り的には３Ｋだったが部屋と同じぐらいの広いベランダが付いていた。各棟に一つだけベランダ付きの部屋があり、それに当たったのだ。家賃はサンジョアンより一万円ほど高いがそれぐらいなら想定内である。広いベランダがあるのを考えるとむしろ安いぐらいだ。

そこには今住んでいる若者が一人いた。シェアしていた仲間たちはもうおらず授業の関係で彼だけが残っているのだという。「もしも家具が必要なら彼から売ってもらったらどうだい」とパレイラさんが言ってくれた。引越しの時に安く譲ってくれないかと訊ねると彼は快く承諾してくれた。

やはり、あとはモモ松だけである。

「実は……」意を決してモモ松のことを伝えた。

すると奥さんの顔色が一気に悪くなった。

「何だ、犬を飼っているのか」

「はい」

「そうか……」

躾は問題ないし、無駄に吼えることもない、今の大家さんに話を聞いてもらっても構いませんからと必死に食い下がった。

「いや〜ペットは断っているんだよ」

「何とかいけませんか、絶対に迷惑はかけませんから」。二人の表情は暗い。

夫婦はわたしから少しはなれて話をし始めた。身振り手振りをしながら早口で話す奥さん、両腕を組んで聞き入る旦那さん。聞き取れないから何を話しているかがわからない。

あ～、この間がたまらない。やはりダメなのか。

やがて二人は話が終わったようでわたしにゆっくりと話し出した。

「わたしたちもペットが嫌いじゃないんだ。実際に家で飼っているからね。でもこの部屋はこの先も貸していかないといけない。だからペットはダメだ」少し食い下がってみたが結果は同じだった。

わたしは貴重な時間をとってもらってありがとうと礼を述べて、もしも物件があったら連絡してもらえないだろうかとお願いした。するとパレイラ夫婦はわかったと答えてくれた。

また振り出しに戻った。

仕方がない。こうなったら郊外で探すしかない。もう不便だの古いだのと文句を言っていられない。ただし時期が迫っていたので大家さんに事情を話して退去の期日を少しでも引き伸ばしてもらおうと思った。

わたしはその日の夜に八階に行き事情を説明した。大家夫婦は困惑した表情を浮かべた。

きっととんでもない人間に部屋を貸したと後悔しているだろう。

「一月中には出てくれるのか」ご主人のほうがそう言った。

「それはお約束します」

「でも、当てがないんだろう」

「ええ、でも明日から郊外の方を回って一軒家でもいいからまた探しますから」

「郊外ならあるわよ、きっと」と奥さん。

わたしは期日を守れなくて申し訳ないと詫びた。ただ、不慣れな外国暮らしなので努力はしているのだが、と精一杯の言い訳をした。

「それはわかるが、君がその外国生活を選んだんだろう」

そう言われるとうな垂れるしかない。

キンタ・ダ・エストレイラの物件の話は言い訳のつもりで二人に話をした。持ち主は自宅でも犬を飼っているのだが借主がペットを持ち込むのは禁止なのだと言われたこと、モモ松は躾に問題はないし室内を壊すことなどないからと粘ってみたがダメだったこと。

「そのドノ（持ち主の意味）はなんていう人なの」奥さんにそういわれて、パレイラさんだと答えた。すると二人が顔を見合わせた。

「どこのパレイラさん」

「それは知りません」そこで夫婦はなにやら話をした。そして電話番号がわかるかと言われたので携帯をそのまま見せた。

「まあ、シスコじゃない」奥さんの声のトーンが上がった。話を聞くとご主人とは旧知の仲だという。

「何だ、シスコのマンションなのか」ご主人はそう言ってその場で電話をかけてくれた。

ご主人の方からモモ松は大丈夫だから何とかしてやってくれと言ってくれるのだろうか。身勝手でわずかな光明だが、すがるものがないわたしはこのやりとりにかけるしかなかった。何を話しているかはまったくわからない。でも、その様子から仲が良いことは伝わってきた。

力が入った。

携帯電話を切ったご主人がわたしを見て「大丈夫だ」と言ってくれた。

「あそこに住めるんですか」

「ああ、住める」どっと力が抜けていった。わたしはこれでもかというぐらいオブリガード（ありがとう）を連発した。

主人は家賃が五千円ほど高くなるよと言った。それぐらいなら文句はない。

「これで、一件落着だな」と笑った。どういうポルトガル語だったかは定かではない、でもわたしにはそう聴こえたのだ。

まだ興奮が収まらなかった。それほど奇跡的な結末だった。パレイラさんと大家さんが知り合いだった偶然、思い返せばジラソルショッピングセンター近くの売り出し物件にダメもとで電話を入れたことがこの幸運を運んでくれたのだ。

運やツキはあったと思う。でも、そうしたものは執拗にあがくことで引き寄せることができると初めて知った。家に戻ったわたしは久しぶりに美味い酒を飲んだ。今日ぐらいは酔ってもいいだろう。自然と笑みが浮かぶ。フロアに寝そべったモモ松は終始ニヤニヤしているわたしを不思議そうに見上げていた。

保証人にはアメリコさん夫婦になってもらった。二人は快く引き受けてくれたが、何かあった場合にお金のことで迷惑はかけたくなかったから、二ヶ月分の家賃を預かってもらった。そんなことする必要はない、と言ってくれたが、一時帰国するときもあれば、毎週末にリスボンの学校で働いているから万が一のことがないとも限らない。何より数少ない友人なので迷惑はかけたくなかった。

新しい家には一月半ばに引越しをした。不思議なもので、まるで宝くじにでも当たったたかのような気持ちだった。

　安く譲ってもらった家具以外をルイスに紹介してもらったデイスカウントショップで買って、ついでにテントも購入した。そして広いベランダに立て、風で飛ばないように四方をくくりつけて足元も固定した。晴れの日にはテントの下に古いマットレスを敷いておくとモモ松は気持ちよさそうに昼寝ができる。寝室に書斎、そしてリビングに台所、さらには広いベランダ。言うことはない、すこぶる快適である。

　しばらくしてパレイラさん夫婦がやってきた。家の様子を見にきたのだが、何と飼い犬も一緒に連れてきたのだ。サモエドのオスで名前はジュリオという。ジュリオは入ってくるなりモモ松とベランダで遊び始めた。

　テントを見て「これは良い考えだ」とご主人が言った。奥さんの方はもっぱらモモ松の相手をしていた。どうやら犬好きなのだ。一通り部屋を見回してパレイラさんは少し安心したようだった。「何か問題があったら連絡してくれればいいから、それとこの棟の責任者は七階のマリオさんなんであんたのことは話しておいた」

「ありがとうございます」

「マリオのところにも犬がいるのよ」と奥さん。

「そうなんですか」

ひとしきり遊んだモモ松とジュリオはベランダで寝転がっていた。

パレイラさんたちに何の文句はない。むしろ感謝している。たまたまサンジョアンの大家さんの友人だったからすんなりと話が付いたわけで、そうじゃなかったらと思うとぞっとする。

しかし、最初はペット禁止と言っていたのがこれである。持ち主なのだからと言えば、それまでだがそのギャップに複雑な気持ちになった。

でも、きっとこれが外人の立場なのだ。もしもわたしがポルトガル人ならペットのことは何の問題にもならなかったかもしれない。他民族のわたしに対する気持ちに偏見という差別的な響が感じられる。だがこれが普通なのだ。

いくら生活に慣れても、いくら言葉ができるようになっても、ここではわたしは永遠にポルトガル人にはなれない。必要以上に怯える必要はない、でも「何だ、こいつは」という目で見られるのをいつも覚悟しないといけない。

外人なのだから。

Ⅳ　夢と田舎とメロン泥棒

すこし時間をさかのぼる。サンジョアンに引越しする少し前の八月だった。スペイン旅行から帰ってきたわたしにマリアさんから新しい日本人が来ていると話があった。まだ二十歳そこそこの若者だという。九月に新学期が始まるから早い人はそろそろ来る時期ではあった。会ってみると礼儀正しいなかなかの好男子だった。そのL君は何でもブラジルに五年いたという。高校を中退してプロのサッカー選手を目指し海を渡ったらしい。サッカーは小学生の頃からやってきて地元の仙台ではそこそこ名が通ったらしく、高校は静岡の強豪校にサッカーで推薦入学したそうだ。

Jリーグができて、ドーハがあって、サッカーが一気に日本列島を熱くした頃に彼はブラジル行きを決意した。「日本にいると埋もれてしまうと思ったんです」と静かに語った。

進学先の高校では部員が百名を超えていたそうだ。ただレギュラーが固定化して、一軍の練習だけに監督がやってきて、二軍や三軍は勝手に練習しろ、だったという。もちろん彼は当初から一軍だった。でも中学のサッカー部の和気藹々《あいあい》の雰囲気と余りにもかけ離れていたのに耐えられなくなったという。

「練習がきついのは問題なかったんです。でも一軍とその他の間に壁ができてしまって、互いにバカにし合っているのが嫌だったんです」

かなり前の話だから今はどうかわからない。でも試合を応援するためだけの部員が満足するはずがない。監督は這い上がってこいと発破をかけるが練習すら見ないのでアピールの仕様もない。さらに一軍の練習中は雑用係をやらされ、ひどいときには邪魔だからと言って帰される部員もいたという。けれども試合となると応援にかり出される。

「だから、新春の高校サッカーなんか観ていられないですよ」。そんな裏があるとは思っても見なかったのでわたしは驚いた。

そこで本場に行きたいと思って両親を必死に説得したという。

「よく、許してくれたね」

「諦めたんじゃないっすかね」と笑った。相当の衝突があったに違いない。

「でも、だから行った以上はって気持ちになれましたけどね」L君は笑った。

十六歳で渡ってから二十歳までの五年間、彼は一度も日本に帰らなかったという。

最初はサッカースクールに籍を置いてひたすら練習し、地元の弱小チームに研修生という形で置かせてもらい、その間に認められれば契約してもらえる。

そこには何人かの日本人がいたらしいがL君以外は全員一年もたずに帰国したそうだ。サッカー力の差だと思ったらそうではないらしかった。

「ぼくより上手い人もいましたよ、でもいつも日本人同士で固まっていましたから」

最初、彼も日本人の輪の中にいたらしいが、すぐにブラジル人のグループと一緒に練習するように心がけたのだという。

「よく、仲間に入れたね」

「大変でした、日本人は下手くそだって思われてたし、ジャポーニョってバカにされてましたから」

日本人とブラジル人との決定的な差って何？　そう聞くと彼は練習に対する姿勢だと語った。練習時間に練習するのが日本人で練習時間以外に練習するのがブラジル人だと言った。

ブラジル人は個人の能力を上げるための時間をもの凄く大切にし、将来プロとして生きていく場合にどこを強化するべきなのかを考えて一人で黙々と練習する。もちろんそれは全体練習ではない。しかし日本人は全体練習だけで切り上げてしまうのがほとんどらしい。でも、その全体練習だけでおよそ七時間もある。

「そんなにあるの」

「ええ、でもぜんぜん普通ですよ」そう言われて少し恥ずかしくなった。プロは甘くない。それが終わってから個人練習を続けるのだという。

二年目から小さなチームに所属するプロになった。その頃には言葉の問題もなくなった。何より話すことがサッカーのことしかないので苦労しなかったという。しかし、星の数ほどあるプロチームの中で這い上がらないといけない現実は凄まじかっただろう。

聞くと、特に大変だったのが上のリーグのチームへの移籍のときだったそうだ。上に行けば試合にはなかなか出られないが選手のレベルは上がる、下のリーグだと試合には出れるがサッカーのレベルが上がらない。曰く、試合に出るのと出ないのとはまったく違うそうだ。

「いくら強豪チームに入ったとしても試合に出れないと勘が鈍くなっていくんです。緊張感はありますけど、試合でしか味わえない瞬間的に身体で感じる、言葉では説明できない感覚なんですけど……味方が見えなくてもパスが出せる瞬間、どこからパスが回ってくるか見なくてもわかる瞬間、言葉は交わしていないんですけど仲間と通じ合える瞬間、試合に出ないとその瞬間的な感覚がどんどん鈍くなっていくんです」

L君は最高で二部のチームにまでいったそうだ。しかし、もう少しのところで彼はサッカーを辞めた。迷ったけれどもその理由を訊ねてみた。

彼は一言「あくびなんです」と答えた。

やはり、跳びぬけた才能を最低でも一つや二つは持っていないとトップ選手にはなれない。その技術は練習を繰り返すことでしか手に入れられない。当たり前だが上に行けばいくほど質の高さが求められる。そんな中での練習中にふと彼はあくびをしたらしい。

「それまで、ぼくは練習している時に一度だってあくびをしたことはなかったんです。ダッシュ一本、パス一つするときも緊張感を持って取り組んできたんですけど、その時だけは気がついたらあくびをしてたんです。そうしたら、ああ、オレはやっぱり無理なんだって思えてきて……」

選りすぐりのプロを目指す選手の中で越えられない壁をどこかで感じていた。けれどもそんなことは誰にだってあることで、諦めたら何のためにブラジルに来たのかわからない。だから来る日も来る日もボールを蹴り続けた。そうすることで前だけを見つめてきた。しかし無意識の内に感じ続けていた限界があくびとなって不意に現れた。

「よく決断できたね」

「必死だったからですよ。未練がないといえば嘘です。でも、どれだけ自分が必死になっていたかはぼくが一番よく知ってますから……これでよかったんです」

胸をはれる人生がそこにあった。わたしはその二十の若者が羨ましくてならなかった。

そのL君から聞いた話だが、彼がサッカー留学していた時期に毎年のように十数名の日本人がやってきたそうだ。右も左もわからない彼らにL君も少なからずアドバイスをしてあげたこともあったが、コーチやスタッフたちはそれを厳しく制限したそうだ。というのもこれからプロになろうという人間が他人を頼りにしていてはいけないという理に適った理屈からだと思ったらそうではなかった。

「そうやって誰かの世話をしているとぼく自身がピノキオになるからです」

「ピノキオ?」

日本語で言う「テングになる」という意味に近いらしい。つまりブラジルの生活に慣れているから聞かれたらいろんなことを教えたり、アドバイスしてやる。同郷の人間からすればこれほど心強くてありがたいことはない、しかしそうしているうちにL君自身が頼りにされることで自分を見失うというのである。

彼がいたスクールには日本だけでなく他の国やブラジル中から若者が集まってくる。そんな中で生き残るような人間はいつもギラギラしていて、チャンスがあればライバルを蹴落としていくような者らしい。それは単に向こう気が強いことではなく、むしろ我を通すタイプの選手はほとんどが大成しない、それよりも他人のために使う時間があるならまず自分を鍛える者だという。

「例えば、新人が練習後にシャワー室の場所を教えて欲しいと言いますよね、せいぜい五分もかからないから彼をシャワー室まで連れて行ってあげる。でも、帰ってきたら使おうと思っていたゴールやピッチが使われている、ダッシュに使うチューブを取られている、フリーキック用の試合球が使われている、という具合になる。すると空くまで待たないといけなくなる。その時間を惜しいと思うか思わないかなんです」

別に意地悪しているわけではない。ただ、いかなる時も自分を第一に考えないとダメだと教えられたそうだ。

「じゃあシャワー室は教えてあげないの」

「いいえ、教える代わりにスタッフに聞いてって言うんです」と彼は答えた。

でも、それはなかなか難しいことだったんじゃないだろうか。

「ええ、でも本当にそうしないと自分の練習できなくなりますからね。プロになりたかったですから」

二十歳で諦めるのは早いという人もいただろうが、それだけ精一杯の濃い時間を過ごしてきたのだろう。これでよかったんです、という彼の言葉に偽りはないようだ。

日本でポルトガル語を使う仕事がしたいと探したが高校中退の学歴が邪魔をした。だからせっかく覚えたポルトガル語を忘れないためにとコインブラにやってきたという。

ブラジルでの五年間は偏差値では決して表せない力をL君に与えた。それは同じ期間を日本で過ごした受験生に勝るとも劣らないはずだ。しかしその力が日本ではなかなか評価されない。若い頃に自分を追い込める経験を持つことは何ものにも変えられない。こんな若者をただ学歴だけで評価するなんて……とてもモッタイナイと思う。

＊

砂場がとにかく大好きである。入れてやると喜んで掘りまくる。ここ掘れワンワンでお宝でも出てくれればいいのだがそんなことはありえない。そういうわけでときどきモモ松をフィゲレダフォズの海辺まで車で連れていくことがあった。ここはコインブラ近郊の海辺の町で広い砂浜がずっと続いている。掘り放題である。

リュックに水とおやつとバスタオルを入れて誰もいない海辺を一緒に歩く。モモ松はあちこちと歩き回りながらもわたしから離れ過ぎることはない。押し寄せてくる波に興味はあるらしいがやや怖いようだ。

あっちこっちで掘り始める。前を掘っては後ろを掘り、後ろを掘ってはまた前を掘る。ものの十五分もすれば砂だらけで息もあがってごろりとなる。しばらくするとまた辺りを掘り始める、なにやら感じるところがあるのだろうがわたしにはわからない。

モモ松は「今やらなきゃダメなんだ」とでも言っているようだ。

本人（本犬）は大満足なのだが、こっちはこれからが大変である。まずは車の中が砂だらけになる。モモ松が寝ている後部座席はもちろん、運転席に助手席などあらゆる場所が砂でざらざらになる。そして帰ってきてからベランダにホースを引いてモモ松を洗うのだが、これがまた大仕事なの

だ。ふさふさの毛が大量に抜ける、さらについて砂も落ちる、そしてびしょびしょの身体のまま家の中に入ろうとする。それを何とか食い止めてバスタオルを四、五枚使って拭いてやる。それから家の中にいれてドライヤーで乾かしてやる。

遊び倒して、たらふく餌を食べて、身体を洗ってもらって、モフモフに乾かしてもらったら、あとは寝るだけ。モモ松はそれでいい。

こっちはまずベランダに飛び散ったモモ松の毛と砂を掃除して、バスタオルを洗い、そして車に戻ってモモ松の寝床の掃除をする。落ち着いた頃にはすでに陽が傾いている。仕事でもこんなに真面目にしないのに、モモ松のこととなると手を抜かない。超親バカである。

そんなモモ松にまた新しい友達ができた。アリスというハスキー犬で、近くの一軒家で飼われていた。家の前を通ったときにアリスがキュンキュン鳴くのでおばさんが声をかけてくれた。「吠えないからアリスは気に入ってるのよ」何でもアリスは気に入らない犬や人にはもの凄く吠える犬なのだがわたしたちには吠えなかった。

ベイラという名前のおばさんに庭に入れてもらった。「遊び相手がいなかったからよかったわ」車が二台分ぐらい入るスペースに芝生が敷き詰められていた。その上で二匹は上になり下になりではしゃぎまわっている。「こういう遊びが犬には必要なのよ」とベイラさん。

この人も犬大好き人間だった。

以前にベイラさんはシェパードを二頭飼っていたという。とても良い犬だったが二匹とも病気で次々に亡くなったそうだ。それからは二度と犬は飼わないと決めていたが、淋しくてアリスを飼ったのだ。ご主人にはまたシェパードが欲しいといったそうだが歳も歳だしハスキーにしたそうだ。

庭で立ち話をしていたら、そのご主人が帰ってこられた。ジドという名のご主人はブラジル出身で、初めて会うわたしとモモ松にも、もの凄く陽気に話しかけてきてくれた。「せっかくだから家に入りなさい」そういってくださったので入らせていただいた。

リビングに通してもらって卓につくとアリスはご主人の横にしゃがんだが、モモ松はまだあちこちと匂いを嗅ぎまわっていた。

ベイラさんが紅茶を入れてくれている間に、ジドさんがいろいろと話をしてくれた。

ご夫婦には三人のお子さんがいてそれぞれ独立されている。長男夫婦がポルトに住んでいて次男はブラジルに、そして長女は結婚してベルギーにいるらしい。すでに五人の孫がいるという。部屋の棚にはそんな子どもたちの写真がずらりと並んでいた。その中に二匹のシェパードの写真もあった。ロメオとヴィッキーという名前だった。

「ロメオたちはわたしたちをいつも守ってくれているのよ、今でも」紅茶を置きながらベイラさんがそう言った。

アリスを飼う前の話だがジドさん夫婦の家に泥棒が入った。もっとも鍵を掛けないで外出したのだが当時はそれが当たり前だったそうだ。

家に帰ってくると引っ掻き回されていて、あわてた二人はすぐに警察を呼んだらしい。ところが、盗まれたものを調べてみたが何もない。貴金属もそのままだったし電気機器なども動かしてはあるもののなくなってはいない。やがてやってきた警官に事情を説明しているときにベイラさんは床に落ちている毛を見つけた。それは紛れもなくロメオたちの毛だったという。

「信じられないけど本当なのよ、わたしが飼っていたんだから間違えるわけはないわ」とベイラさんがやや興奮気味に言った。「絶対にロメオたちが泥棒を追い返してくれたのよ」

今でもその毛は大切にしまってあるのだという。「すばらしいですね」わたしは素直に言った。二人は笑顔になった。

そんな馬鹿な、と言ってしまえばそれまでだ。そう信じられるほど二匹のシェパードにありったけの愛情をそそぎ、大切にしていたんだろう。こういう話はよく取ってつけたような美談にまとめ上げられる、その中には大げさに脚色されたものもあるだろう。でも信じられるならそれでいいではないか。

ベイラさんは二匹のシェパードの写真をじっと見つめていた。ジドさんがそんな奥さんの手を握った。

＊

久しぶりにアメリコさん夫婦から連絡があった。中部のヴィゼウという町でお祭りがあるから行かないかという願ってもないお誘いだった。もちろん犬付きである。アメリコさんの車の後部座席にはカティが乗っていた。ニキータとモーゼスは預かってもらったそうだ。きっとアメリコさんが決めたのだろうがスリーナさんは不満気だった。

コインブラからヴィゼウまでは車で二時間ぐらいだ。ポルトガル人である以上、アメリコさんもやはりぶっ飛ばす、百六十キロ以上で高速を走るのである。とてもじゃないがついていけないいから下りるインターで待ち合わせをした。

ヴィゼウのアメリコさんの実家の離れに泊めてもらった。ベッドと小さな机が一つあるだけの部屋だが綺麗に整えてあった。わたしはモモ松の布団を車から運んで床に敷いた。

実家と言っても今では空き家で今日みたいな日に家政婦さんが来て準備をしてくれたらしい。その方が作ってくれたコジーダ・ポルトゲーザという料理が最高に美味かった。

ポルトガル版のポトフのようなもので豚肉、ソーセージ、ベーコン、鶏肉を煮込んだスープを塩とコンソメで味を調えてそこに野菜を入れるといういたってシンプルなものだった。ところがこの野菜が本当に美味しい。白菜、かぶ、ジャガイモ、にんじん、菜っ葉、すべてが美味い。しかも犬のためにねぎ類は入れてない。だからスリーナさんはカティとモモ松用に少し分けてくれた。

食事が終わってからお祭りがある広場に行った。カティはここでもノーリードである。もちろんスリーナさんから離れることはない。彼女が立ち止まれば止まるし歩き出すと付いていく。ところがモモ松はちやほやされるとはしゃぎ回るからとてもノーリードでは無理である。

お祭り会場といっても日本みたいに屋台が立ち並んでいるわけではないし、田舎のことだから人もそれほど多くはない。音楽が流れていて、キャンディーやドーナッツ、サンドイッチが売られている小さな店が数軒ある程度だ。その中をカティとモモ松はいろんな人から可愛がられながら歩いていった。

広場の中央にいくと、大きくて丸い舞台があってその上に動物の形をした乗り物があった。昭和の時代によく銭湯の横にあった十円入れると動き出す幼児用のあの乗り物である。あれが五台ほど舞台の上にある。見ていると何人かの幼児がその上に乗った。すると舞台横でおじさんが自転車をこぎ始めると「ロンパールーム（一九七〇年代まで放送されていた子供向け番組）」のような音楽が流れ出す。どうやら車輪が回る力を利用して舞台ごと回しているのである。こんな乗り物が現存しているのだと正直驚いた。「開運！なんでも鑑定団」に出せるのではないかと思った。

「乗ってみるかい」アメリコさんが言ってきた。

「乗りたいけどまた今度にします」そう答えるとアメリコさんが大笑いした。

ポルトガル語でのボケが伝わると無条件にうれしくなり距離が近くなった気がする。

ヴィゼウのお祭りはそんな感じだった。誘ってもらったのだから文句を言うつもりもないし、楽しくないわけではない。でもとてもじゃないがお祭りと呼べる代物ではない。日本の地蔵盆でももう少しましである。それでも来ている人たちは楽しそうだった。

一時間ほど歩いてから駐車場に戻ろうとした時にアメリコさんが偶然に旧友と再会した。スリーナさんとも知り合いらしい。二人は立ち話を続けていたので、わたしはモモ松を連れて屋台でドーナッツを買った。店の女性が「これはイヌ用よ」とおまけをくれた。すぐ近くのベンチに座ってモモ松と一緒にドーナッツを食べながらアメリコさんたちを眺めていると急に淋しくなってきた。

ここの生活に窮していているわけでも飽きてきたわけでもない。勝手気ままな生活を送りながら犬まで飼い始めたわたしが不幸であるはずもない。理屈ではわかっているが淋しさや孤独感というやつは前触れなしに、突如としてやってくる。アメリコ夫婦にルイス、マリアさん一家、そしてこの地で知り合った心温かい人々がいるのだが絶対に埋められない溝がある。

そんな時にアメリコさんがわたしを呼んだ。そして幼なじみに紹介してくれた。

「こいつはティアゴって言って俺の悪友なんだ」二人が何を話しているかわからない。でも二人とも気分は幼児期に戻り、やんちゃな時分に戻っているのが手に取るようにわかった。

わたしはごく普通に自己紹介するとティアゴさんはカフェをやっていて泊まる部屋もあるからいつでも遊びにおいでと言ってくれた。

「大丈夫だ、こいつも『ベンフィカ』ファンだからビールをいくら飲んでもただにしてくれるよ」アメリコさんが言うとティアゴさんも笑った。

ティアゴさんはわざわざ電話番号まで渡してくれた。そのあとにスリーナさんと話すと二人は一番の親友で、兄弟みたいなのだという。

「一度遊びにくればいいわ、ティアゴは良い人だし、犬も大好きだからモモを連れてくればいいのよ」

「そうだ、時間があればぜひおいで」ティアゴさんもそう言ってくれた。

外国で暮らしていると人のちょっとした優しさがもの凄くありがたく思える瞬間がある。ヴィゼウは淋しくなったわたしをとても温めてもくれた。

しばらくしてから、わたしはティアゴさんのところに遊びに行った。最初から当てにするのは失礼だと思い、初日は安い宿にモモ松と泊まり翌日にティアゴさんのカフェに行った。

「やあ、来てくれたのか。ありがとう」彼の大げさな態度には嫌味がない。

「おう、モモ、待っていたんだ。今夜はここに泊まればいい」ティアゴさんはそのずんぐりむっくりの身体と薄くなった頭の汗を拭きながら言ってくれた。

「今夜は『ベンフィカ』の試合があるから一緒に観よう、いいな、ところでモモは『ベンフィカ』ファンなんだろうな」

「ええ、『ポルト』は大嫌いです」

「そりゃあいい、それでこそアメリコの友人だ」ティアゴさんは満足そうに笑った。

市街地から少しはなれたティアゴさんの店の二階に貸し部屋があった。セミダブルのベッドの横にモモ松の寝床を用意してから散歩に出かけた。ヴィゼウは山間の小さな町でどこか軽井沢のような趣がある。緑が濃くて風が爽やかで青空が似合う街だった。中心部から店が離れていたのでのどかな風景がどこまでも広がっていた。

ここでも犬がらみの出会いがあった。黒のラブラドールを連れておられる男性と会った。犬同士はすぐに仲良くなったので気楽に話せた。

「ティアゴさんの店に泊まっているんです」

「そうなのかティアゴを知っているのか」どうやらその方も知り合いらしい。まあ、小さな町なので知らぬ人などいるはずもないが。話しているとアメリコさんのことも知っていた。

「元気にしているのか、アメリコは」わたしはティアゴさんを紹介してもらった経緯を話した。そのミゲルさんもアメリコさんたちの幼なじみらしくよく遊んだ仲間らしい。

宿に戻ってからモモ松に餌をやってから夕食に行った。ティアゴさんから試合が九時から始まるからな、と念を押された。夕食をとる店は決めていた。散歩の途中で見つけた中華料理店だった。

日本にいるときから麺類が好きだった。特にラーメンとなると毎日でも飽きない口だ。当たり前だがポルトガルには日本のようなラーメン屋はない。リスボンにサッポロというラーメン屋があるくらいだ。だから麺好きのわたしには残念でならない。小盛りのチャーハンと一品を注文してビールを飲んだ。時刻は七時、まだ時間はある。メニューを見ているときに焼ギョーザの写真に気がついたので四人前ほど持ち帰りにしてもらった。ティアゴさんらとつまめばいいと思ったからだ。

店に戻ると十名ほど客が入っていた。ミゲルさんも来ていた。

「よう、モモマツ」と笑う。顔が赤い、すでに出来上がっているようだ。卓の上にギョーザを広げた。

「みんなで食べましょう」

「これは何というんだ」そう言われてもポルトガル語で何というかは知らない。とりあえず「ギョーザ」と言った。「ギュザ」「ゲザ」「ジョサ」ポルトガル人には難しい発音らしい。

「バカ、お前は小さな頃からバカだったが、今でもバカだな、ティアゴ」

「バカはお前の方だ、あのな、このミゲルは女に振られたあとにへこんで歩いている時に川に落ちたんだ。そんなバカは世界中にミゲルしかいない」

「ちがう、女に振られたんじゃない、俺がそんなことでへこむと思うか」

「そうだな、いつも振られていたからな」

「そんなことはない、なあ、モモマツ、俺の方がティアゴより男前だろう」

「何を言うか俺はデ・ニーロに似ているんだぞ、そうだろうモモマツ」店主も出来上がっていた。周りも馴染み客らしく二人の会話に入っては大声で笑っていた。

いろんなところから手が出てきて焼ギョーザがあっという間になくなった。

「よし、モモマツ、今度は俺が買ってきてやる」真っ赤な顔をしたミゲルさんが立ち上がった。わたしはいつの間にか知らない人からもモモマツと呼ばれていた。

「大丈夫ですか」ミゲルさんを見て思わず声をかけた。

「ミゲルなら大丈夫だ、ビールを飲んだ方が頭がよくなるんだ」と誰かが叫んだ。

「そうなんだ、幼稚園の頃からミゲルはビールを飲んでたんだ」

「バカやろう、ビールじゃないワインだ、なあモモマツ」完全に酔っている。でも憎めない人たちだった。

「早く買ってこいよ、試合が始まるぞ」

「そうだ、今日は『ベンフィカ』の誕生日なんだ」とそういってミゲルはベンフィカの応援歌を大声で歌いながら出て行った。

本当に大丈夫なんだろうか。ティアゴさんは心配ないといった。

「こんな田舎だから何も心配することはない、どこの誰かはみんなが知っているから」ミゲルさんの大声がまだ聞こえている。ミゲルさんより近所の人のほうが心配になった。

買い物に行っている間に面白い話を聞かせてもらった。小学校の頃ティアゴ、ミゲル、アメリコらの悪がきたちは畑からメロンを盗んだそうだ。ところが畑主が現れたのでその場で隠れてあわてて食べたそうだ。畑主から咎められたがしらを切ったらしい。

「すると、畑主がミゲルにこう言ったんだ『お前の口にメロンがついてるぞ』って。そしたらミゲルのやつあわてて口を拭いたからばれたんだ」そこでまた大笑いが起こった。そこへミゲルさんが帰ってきた。大きなビニール袋を提げている。

「買ってきたぞ、モモマツ。おいティアゴ！　まずいビールをもってこい」

「まずいのはお前が飲め、このメロン泥棒」ミゲルがさっと顔を上げた。

「また話したな、おい、モモマツ、こいつらの話を信用するなよ、メロンを食べたのはアメリコとティアゴなんだ」

「おい、ミゲル、まだお前の口にメロンがついてるぞ」誰かがそういうとまた店中で大笑いが起こった。さしものミゲルさん自身も笑い出した。

「いいじゃないか、なあモモマツ、男の子はそんなもんだ」

さらに買ってきたものを開けるとギョーザではなかった。

「みろ、やっぱりミゲルじゃダメだ」

「オレはちゃんと発音したぞ、なあ、モモマツ」そう言われてもわたしは知らない。

「ミゲルにしてはよくできた方かもな」誰かがそういうとまた大笑いになる。

「ちくしょう、おれも日本人に生まれたらよかったよ、まあモモマツ」ミゲルさんのお気に入りに加えてもらえたようだ。

試合が始まって三十分ほどすると、ミゲルさんはテーブルに伏せてグーグーと寝てしまった。するとティアゴさんが薄い毛布を持ってきて背中にかけてやった。

みんな五十過ぎのおっさんたちである。近代的なものがほとんどない山間の小さな町に生まれ、育ち、そして老いていく。それでもいつも友人らと卓を囲み、グラスを傾け、笑い合い、そして昨日と同じ一日を過ごす。自慢できる人生じゃないがこれで結構楽しいんだ、そんな声が聴こえてきそうだ。

そんな映画のワンシーンのような素晴らしい夜を過ごした。

V　潮時、そしてアデウス、ポルトガル

　ポルトガルでの生活も四年目になると慣れたものになった。モモ松との共同生活も順調で、散歩が足りない、遊んで欲しい、ささみジャーキーか乳製品が食べたい、もっとご飯が欲しいなどなどモモ松なりの表現方法をするようになり、わたしもわかるようになっていた。ただし留守番するときと食事の時だけは相変わらず恨めしそうな目を向ける。《なんで、いつもお前だけやねん》と目が語っている。

　生活が固まってくると身勝手な不満がどんどん出てくる。ルイスの店に行ったり、お土産屋が並ぶバイシャ地区を歩き回ったりしているだけではすぐに限界が来る。かと言って気ままな旅に出るのはいいけれど、だいたいの場所は訪れたので、さてどこに行くかと考えると思いつかない。

　そんなときにリスボンから南に一時間ほど走ったところにエリアスという海沿いの小さな町があるのを新聞で見つけた。その記事には、穏やかな海が魅力的なのだがあまり知ってい

る人がおらず今年の夏こそエリアスを宣伝したいという地元の声が載っていた。五月半ばで海水浴にはまだ早い、人も少ない今なら一番都合がいい。思い立ったが吉日とばかり、さっそく準備をし始めた。

大きなスポーツバッグと小型のクーラーボックスにモモ松用のグッズを入れていく。食事用の缶詰、おやつ、タオル、ビニール袋、そして予備のリードなど。わたしがそのバッグをいじりだすとモモ松も《お出かけ》することを知りそわそわし始める。着替えや洗面用具などわたしの荷物をそろえているときでも手伝うつもりらしく、寄ってきてはかばんの中までその大きな頭を突っ込んでくる。《俺も手伝うぜ》とでも言っているのだろうが完全に邪魔なのだ。挙句の果てに下着やノートを引きずり出して涎でぐちゃぐちゃにしてしまう。

しかし本人（本犬）は手伝っているつもりで、ドヤ顔である。

エリアスという町は地図にも載っていないような小さな町で観光案内所も夏のシーズンしか開いていない。バス停がある広場に小さなスーパーとカフェがあった。とにかく車を停めてモモ松とエリアスの町を歩いた。

見たこともない東洋人が見たこともない大きな犬を連れているわけだから目立たないはずがない。ぎょろぎょろとした鋭い視線を受けながら小さなカフェに入った。

「この町に宿はありますか」禿げ上がっているがそんなに歳は取っていないように見える主人は無愛想に「ちょっと待ってろ」と言って奥に入った。客たちはまだじろじろ見ていた。しばらくして戻ってきた主人は、上着を着てついて来いという仕草をしたものの、表に繋いでいたモモ松を見て驚いた様子だった。

「なんていう種類なんだ」

「バーニーズと言います」

「ふーん、トイレは大丈夫だな」

「はい」どうやら宿まで連れて行ってくれるらしい。

案内してもらったのはさびれたプチホテルで、お婆さんと娘さんの二人が出てきてくれた。犬付きで一泊三千エスクード、食事なし。もちろんわたしは十分である。宿には太った猫が一匹いた。モモ松が近づいてもどこ吹く風でまったく相手にしない。ただ、お婆さんは心配そうだった。

「近くにレストランはありますか」と娘さんに聞くとジョゼのところで食べればいいわと教えてくれた。どうやらカフェの主人が旦那さんらしい。

ポルトガルではジョゼという名前が本当に多い。日本ならさしずめ鈴木、佐藤の類なのだろうが、頻度は日本の比ではない。男性の十人に一人ぐらいはジョゼではないだろうか、それぐらい多い。

かつての大航海時代の王や貴族の名前だったらしく、人々は好んでつけるという話を大学で聞いた。ただ一人ひとりにミドルネームがあり、それが愛称や呼び名になることが多いので混乱しないのだという。

ジョゼの店はお世辞にもレストランと呼べる店ではなかった。三人ほどが座れるカウンターと小さな丸テーブルが二つあるだけでメニューなどどこにもない。わたしはとりあえずスーパーにいって缶ビールとパンとチーズを買っておいた。

荷物を運んでからさっそくモモ松を連れて小さな町を歩いた。ものの一時間も歩けばだいたいは歩き回れるほどの大きさである。

歩いてみると新聞に書かれていた、なんとしてもこの夏には観光客を受け入れるのだという意気込みとか熱気というものが欠片も感じられなかった。出会う人すべてが疲れた感じで、もの珍しい東洋人に視線は向けるもののまったく無関心なのである。そして町全体の時間が止まっているかのようで、人はいるにはいるが生気がないというか、まさしくゴーストタウンのようだった。

夕食の時間になってジョゼの店に行った。何が出てくるかは不安だったが豚ロースの漬け焼きとサラダ、そしてソーパ・ド・ヴェルデというポルトガル風のジャガイモベースのスープにパンを準備してくれた。

「ワインかビールかどっちがいい」

「じゃあ、ワインをください」ほかの客はいない。

「あの犬は留守番かい」

「ええ、十分に歩き回りましたから」

「そうか」商売っ気がどこにもない。ぼそぼそと話しては黙ってワインを飲む。映りの悪いテレビではニュースが流れている。今回の旅は外れだと思った。

「どうしてこんな小さな町に来たんだ」この言葉がきっかけだった。わたしはプブリコという全国紙でみたと伝えたらジョゼは苦笑した。

「あんなことしても仕方ないのに」それからゆっくりと話し出した。

ポルトガルでも過疎化は大きな問題らしくエリアスのような町は星の数ほどあるらしい。そこで新聞を利用して何とかしようとしたそうだ。だが支持する者は誰もいない。

「あんなことしても何も変わらないよ、儲かるやつらはいつも決まっているからな」ジョゼはそう言ってわたしの横に腰をおろした。

夏の一時期にやってくる観光客を頼りにするしか生きていく術がないエリアス。なるほど海はすこぶる綺麗だが、それ以外は本当に何もない。

「こうやって消えていくんだよ、人生と同じさ」ジョゼ夫婦には子どもがいないそうだ。だからカフェもホテルも後を継ぐものはいない。聞いている内に切なくなってきた。

帰り際にジョゼはクッキーを差し出して「犬にやってくれよ」と言った。わたしは礼を述べてから写真を撮らせてくれないかと頼んだ。「何のために」と聞き返しもせずジョゼは小さく頷いてくれた。

ジョゼのカフェで夕食を済ませた後に、宿に戻るとモモ松は夢の中だった。わたしの姿をみて、むくっと上体を起こして尻尾を振るもののすぐに横になった。眠たい証拠である。

わたしはスーパーで買った缶ビールをあけてチーズをかじった。夕食の量が少なかったわけじゃないが、ジョゼの話を聞いていてなんとなく酔いがさめた感じになったのだ。

「こうやって消えていくんだよ、人生とおんなじだよ」ジョゼの言葉が頭の中で甦る。

ふとしたきっかけで海を渡って、いろんな出会いに恵まれて、モモ松という命を授けられて、おそらくは二度と手に入らない完璧な自由を手に入れた。同時に自由が持っている裏の顔、その恐ろしいまでの不安と孤独を知ることになった。

日本でノルマに追われながら働いている頃、思い浮かべていた自由はキラキラと輝いていた。だが、実際に手に入れた自由には眩い光などどこにもなく、どす黒い壁に囲まれた世界の中で見えない明日に怯えるばかりの生活だった。

しかし、そうしたこともすべてひっくるめて、ポルトガルでの時間はわたしにとって実感あるリアルな生であった。そんな時間を持てたのは幸運以外の何ものでもない。

そんなことを考えながらチビチビ飲んでいると、チーズの匂いが眠気を吹き飛ばしたらしくモモ松はわたしの足元にやってきて鼻を鳴らした。チーズをパンにはさんで一口やると嬉しそうに食べた。それからジョゼにもらったクッキーも少しばかり食べさせた。

これから日本に帰ったらどんな人生が待っているんだろうか。果たして仕事が見つかるのか、モモ松と一緒に住める家が見つかるのか、もしかしたらわたしではなく別の誰かに飼われた方がモモ松は幸せだったのではないか。そんな思いがいろいろ交錯しているうちに胸が熱くなってきた。

思わずモモ松をグッと抱きしめた。

そろそろ潮時なのかも知れない。そう思った。

二〇〇三年十月、五年間も暮らしたポルトガルを後にしてわたしとモモ松は日本に帰ってきた。モモ松にとっては初めての日本である。

帰国の前にはお世話になった人たちへのあいさつ回りをしたが、その度に五年間の思い出が蘇ってきた。ルイスは店で仲間たちを集めてくれて最後の晩餐を決め込んでくれた。マリアさんも一家総出で時間を作ってくれた。スリーナさんとアメリコさん夫婦も家に招いてくれた。人間って独りで生きていけるものじゃないとつくづく感じた。

期待と不安が入り乱れたままの渡航ののちに嫌な思いも散々したけれど、日本じゃ経験できないさまざまな体験といろんな心優しい人たちとの出会い、そしてモモ松という戦友とも知り合った。いま思い返しても本当にハッピーな五年間だった。

さて、帰国に際して何が大変だったかといえばモモ松の輸送手段だった。必要な書類を手に入れるためにリスボンの大使館や検疫局まで何度も出向かないといけなかった。さらにはケージである。

モモ松は体重がすでに四十キロ、後ろ足で立てば百八十センチ以上になっている。これだ

けの大型犬だからゲージも頑丈でないといけない。ペットショップで特別に注文するしか手はなかった。

そして渡航費用である。

ペットの場合一キロにつき七千円という相場が決まっていた。覚悟はしていたもののファーストクラス並の値段になる。しかも航空会社によってはペットの扱いがひどいところもあるらしく、評判のもっとも良いスイス航空で帰国する手配をした。

機内ではモモ松は貨物置場に入れられ、ほとんど寝ている状態で日本まで運ばれる。同じ飛行機ではあるものの姿を目にするまではとても心配だった。

成田に到着したら係員がゲージを運んできてくれた。モモ松はわたしを見つけると大声で吠え始めた。多くの人がゲージに振り返る。ゲージの網越しに手を入れるともの凄い勢いで嘗め回してくる。どれだけ不安だったのかがわかった。

事務所に連れて行かれ、その室内でモモ松はようやくゲージから出された。「大丈夫です。ここでトイレをしても問題ないですから」と言われた。

必要書類をそろえて出したが不備があればその分検疫期間が長くなり、最長では六ヶ月にもなるらしい。揃えたと言ってもポルトガルの書類である。日本が求める緻密さがあるかどうかわからない。幸いなことに書類には不備がなかったので検査結果に問題がなければ二週間で出られるとのことだった。成田空港のすぐ横にあるセンターにモモ松は預けられた。

それから二週間、実家に戻り荷物の整理をして、新しい勤務先に荷物を送って、新居の準備をしてからモモ松を引き取りにいかねばならない。一、二日程度はモモ松と離れたことはあるが、二週間ともなると気になって仕方がない。毎日のようにセンターに電話をかけて様子を聞いている自分がいた。

餌は食べているのか、他の犬と喧嘩してないか、意地の悪い職員にいじられていやしないか、などなど心配でたまらないのだ。少しでも準備を早く終わらせたらセンターに早く行ける。そんな気持ちでわたしは働き蜂のように動き回っていた。

検疫途中でもセンターにいくとモモ松と会うことができた。すると驚くほど痩せ細っていて、触るとあばら骨がくっきりと浮き出ていた。それでも再会時には歓喜に飛び上がっていた。すぐさま餌をやろうとしたらセンター長さんが「いきなりたくさんやらない方がいいです」とアドバイスしてくれた。

　こうした施設に預けた場合、食事をまったく取らない犬もいれば、ごく普通に取る犬もいる、さらには日頃使っているフードや器だと食べたり、中には飼い主の声を録音して使うときもあるらしい。モモ松は食べないことはないけれども食べても少しだけの日が多かったらしい。厩舎の檻の中ではうずくまっているが広場に出ると喜んで走り回る、けれども食欲はあまりない。

「こういう仕事していると預かったペットがどれだけ可愛がられているかがわかりますよ、モモ松は幸せです」そういわれると照れくさいような、嬉しいようなである。

　検疫にはまだ数日かかるとのことなので、わたしは成田市に安い宿を取って毎日センターに通ってモモ松に餌をやって散歩に連れ出した。センター長は「大きな伝染病の検査は終わってるから○○時までに帰ってきてくれればいいですから」と言ってくれた。

　後部座席がフラットになるレンタカーを借りて、そこに布団を敷いてモモ松が寝られるようにした。そこに乗るとモモ松は安心してか、すぐに鼾をかいて寝始める。カーナビで大きな公園をさがしていった。水も餌もタオルもあるし、ビニール袋も用意していたから少々遠くても問題はない。

ところがである。

行く公園、行く公園がペットの散歩が禁止されているのだ。運悪くそういう公園にあたったのかもしれない。しかし行く先で駐車場に止めてモモ松を出すと係員がきて申しわけなさそうに「ペットはお断りなんです」と言う。どうにかたどり着いたキャンプ場のような場所でも入り口で「リードを放さないでください、それと絶対に芝生の中には入らないでください」と念を押された。なんという名のキャンプ場だったかは忘れたが、その言い方が命令口調でまるで悪者扱いなのだ。ムカッとしたので芝生の上でモモ松に……とも思ったぐらいだ。

「うちの敷地の近くに連れてくるな」

「小便をさせないようにしろ」

「お前、ちゃんとクソの始末はしているのか」

後日談だが、散歩中にこんな声をかけられたことが一度や二度ではない。時には役場に通報されて職員がやってきたことさえあった。「オタクの犬の糞で困っているんですが」なんて言われても、初めて散歩した場所でモモ松は何もしていない。そのことを伝えると職員はばつが悪くなってしまい、予防接種はしてますか、などと声色を変えてきた。

ポルトガルとはまったく違う。飼い主がペットの責任を持つのは当たり前だが、ペットを散歩させることがまるで反社会的な行動であるかのように扱われるのはどうしたものか。母国なのにもの凄く生き辛い国に思えた。

ようやくモモ松の検疫が終わって引き取ることになった。ところが、その矢先にモモ松の左目の具合がおかしくなった。目の周りの皮膚がたるんで目の内側に入り込んでしまうのである。センター長はセントバーナードやバーニーズの類の犬にはよくあることだと説明してくれた。

「手術するしかないですね」と言う。

いきなりである。

帰国して間もなくの事なので獣医の伝手はない。そこでセンター長の知り合いの獣医さんに診てもらうことになった。柏市にあるとのことなので手術後、抜糸するまで引き続きセンターに預かってもらうことになった。出費も痛かったが、それ以上にモモ松が心配だった。わたしがいるから餌を食べるようになってきたがいないとほとんど食べないという。かといって仕事を投げて傍にいてやるわけにもいかない。

生活の基軸が犬一匹に振り回されてしまう。だが犬を飼うとはそういうことだ。

以前にムツゴロウ（畑 正憲）さんが沢木耕太郎氏と対談した記事を読んでいたときにこんなフレーズがあった。沢木氏が「都会の小さなアパートでペットを飼うのはペットがかわいそうですよね」というとムツゴロウさんが「そんなことはペットを飼ったことがない人が言うことだ、ウサギ一匹を飼うだけでもどんなに大変なことか、あなたは何も知らない」と怒り出した。まさしく命なのだ。

それからさらに十日間、モモ松はセンターにいた。手術は成功して目も元通りにもどり、ようやく一緒に暮らせるようになったのは帰国してから一ヶ月半も過ぎた十二月だった。

狭いものの新居で犬と暮らすことに何の問題はなかった。田舎だったから散歩にもこと欠かないし、時々車に乗せて遠出もできた。

仕事先の勤務体系が特殊だったので休日が毎月変わり、一ヶ月に一度は三日、四日程度の連休が取ることができた。わたしはそういうときにはペットと泊まれるペンション巡りを決め込んだ。

ポルトガルではペットを連れて行って一緒に泊まれない宿はほとんどなかった。ところが日本はやはり違う。ペットと一緒に泊まれるという触れ込みでも「大型犬お断り」「厩舎にて預かります」「ゲージ必須」などなど、とにかく制約が多い。

ようやく探し当てたペンションに行ったのは、まだ雪が消えていない三月だった。訪ねたときには他の客がキャンセルしたそうで、宿泊客はわたしとモモ松だけだった。オーナーご夫婦は「自分の家だと思って自由に使ってくださぃ」と言ってくださった。だから館内でもモモ松はノーリードであるうえに、そこの看板犬のラブラドールと遊び放題となった。

ララというその犬は六歳のメスだがなかなかのオテンバで、暇になるとペンションの前にあるドッグランでモモ松を待ち構えていた。雪が残るその中でテニスボールと縄のおもちゃを二匹で取り合い、走り回り、好き勝手に飛び跳ねている。おかげでこっちはテラスのデッキに座り、美味しいコーヒーを飲みながらゆっくりと時間を過ごすことができた。こんな旅なら悪くはない。

そのララがまたすごかった。敷地内から絶対に外には出て行かないのである。場所柄、よく犬を連れた人が通るのだが関心は示すものの近づくことはしない。

「よく躾けられたんですね」と聞くと「それが何もしてないんですよ」と奥さんが答えた。

ララは最初から敷地から出ようとしなかったそうだ。ご主人か奥さんが一緒のときだけ外に行くのだという。それに対してわがモモ松は動くものを見ると一目散に飛んでいく。ともかく遊んでもらえると思って大きな尻尾を風車のように回してすっ飛んでいく。

　さらに話を聞くとララの好物がなんと大根や人参など野菜の類で、お茶漬けも食べるのだという。

「本当なんですか」

「そうなんですよ」と笑っていた。もちろんドッグフードや肉類も大好きなのだが、大根や人参を見せると喜んで飛んでくるらしい。

「見ててくださいよ」ご主人がそう言ってテラスで輪切りにした大根を持ってくるとララはモモ松そっちのけでテラスにやってきた。そして大根をもらうとシャキシャキと音をたてて食べてしまった。

　こうなるとモモ松も黙ってはいない。すぐにやってきて「オレにも食わせろよ」と目で訴えてくる。一つを口に入れてやるとすぐに吐き出してしまった。それをララが横取りした。するとモモ松は「もう一度食わせろ」とご主人の目の前にララと一緒に座った。ララに食べられるのが悔しいらしい。

「やっても食べないやろ」そういいながらモモ松に大根を差し出すとまた口に含んだものの

やはり吐き出した。「ほれ見ろ」という横でララがおいしそうにそれを食べた。

しかし生野菜とお茶漬けを好んで食べる犬を見たのは初めてである。

泊まったペンションは白樺の林の中にあった。雪は多かったが歩道は除雪されていた。午後からは辺りをゆっくりと散歩した。モモ松は元気一杯だった。いろんな犬と会うたびに遊びだすし、近づいてくる人には愛敬を振りまく。そして何より雪が大好きになった。さすがはスイスの犬である、アルプス育ちのDNAは見事に受け継がれていた。

でも、雪の上でねっころがったり、はしゃぎまわっているうちに、大量の雪の毛玉ができる。さらには体温で雪が解けて川遊びをしたかのようにびしょ濡れになる。冷えているから息があがってもすぐに息も落ち着き、エンドレスに遊んでいられる。これではタオルが何枚あっても足りるはずがない。

こっちが精根尽き果ててしまった。

「どうしたんです。お疲れですね」夕食の時にオーナー夫婦から言われた。

ペンションをする前は横浜で料理店をしていたご主人の美味しい料理をいただいて一杯やると強烈な睡魔に襲われた。早々に休ませてもらうことにして部屋に行くとモモ松はわたしのベッドの上でもの凄いイビキをかいて熟睡している。仕方がないからモモ松用の布団に倒れ込んだ。

まったく、どっちがペットなのか？

モモ松の体重は順調に増えていった。三ヶ月に一度、わざわざ大阪の獣医さんまで連れていって健康診断を受けていた。その獣医さんも「こんなに骨がしっかりしたバーニーズは初めてです」と言ってくれ安心できた。健康であってくれるのが飼い主には何よりである。

だが、問題はニッポンの夏であった。

毛だらけのモモ松は朝の散歩が終わると入り口の石畳の上でごろりとなると動かなくなる。ふかふかの布団の上よりも冷たい石の上の方が良いらしい。

だが、日本の蒸し暑さがどうもいけない。

最初に見たときにはなんともなかったのだが、前足の甲の辺りをしきりに気にしているのでかき分けて見てみると皮がむけて化膿していた。ちょうど十円玉ぐらいの大きさで毛が抜けていて、抜けた部分の皮膚がただれて血が滲んでいた。

そこで獣医さんに連絡してみて事情を話すとアドバイス的なことを言われたが「実際に診てみないと何とも言えませんから」と言われた。だから携帯で写真を撮って送ってから、また連絡するとまたもや同様な対応だった。大阪までは数時間かかる。

仕方がないから近い獣医さんを探して連れて行ったらこれがどうも気にくわない。なんとなく陰気くさいのだ。

こうした場合、わたしは直感を信じる。非常に失礼なのだが、入ったときの印象、受付での様子、先生の話しぶりなどをみて続けてかかるかどうかを決める。ひどいときには「診察は結構です」と言って途中で出てくることもあった。

金さえ払えば良いではないか、などと傲慢に考えているわけじゃない。何より大切な物言えぬペットであるからこそ信頼できる先生に診てもらいたい、ただそれだけなのだ。この気持ちは飼い主ならわかっていただけるだろう。

数件訪ねてからようやく名医と出会った。

家庭菜園が趣味の八十近いM先生はモモ松の足を見て、すぐに「ああ、これね」といって周りの毛を刈って消毒してぬり薬をくれた。

「たぶん舐めるでしょうから包帯を巻いてください。それでも舐めるようならエリザベス(首の周りに付けるプラスチック製の襟巻き)を用意しますから。でもモモ松君にエリザベスをつけたらとんでもないことになるからね」M先生はそう言って笑った。

一週間も経つと見事に足が治っていた。外国産の大型犬にとって日本の夏は大敵らしく毛の長い犬ほど皮膚の病気にかかりやすいという。そこで早く治そうと強い薬を使うと今度は肝臓がやられる。院長は今回でモモ松の規準がわかったから、次回からはもっと弱い薬を使おうと言った。

「まあ、気をつけても犬はしゃべれんからなぁ～何かあったら連絡ください」のほほんとした先生だが信用できた。

六種混合の予防接種を大阪で打ってもらった。その時はまだM先生を知らなかった頃だった。わずかな量を注射しただけなのだが帰宅後どうもモモ松の様子がおかしい。なんとなく元気がなく、どろんとしている。夕方になってもおかしいので注射してもらった獣医さんに連絡をした。わたしには原因が予防接種しか考えられないからだ。

「副作用がないのが予防接種ですから」獣医さんはそうおっしゃる。

「でも、ほかに考えられないんですけど」

「何か原因があるはずです」食事も散歩もいつもどおりで、注射を打ってからこうなったのは間違いない。でも先生は何かあるという。

幸いにも大事になることはなくモモ松は二、三日で回復した。

事情をM先生に話すと「ああ」と言って説明してくれた。

「ぐったりし食欲がなくなって吐き気をもよおしたんじゃないですか、二、三日」そのとおりである。

「それはね……」混合ワクチンには数種類あって犬種によって合うものと合わないものとがあるらしく、モモ松はワクチンに含まれている何某かの物質（名前は忘れてしまった！）に対応できなかったのだそうだ。その説明を聞いたあとに次からその成分が入ってないワクチンを打ってもらった。するとまったくモモ松には変化がなく、無事に済んだ。

そんなM先生はいたくモモ松を気に入ってくださって、わたしが仕事で世話ができない時には預かってもくれた。預けていたモモ松を迎えにいったとき先生は「うちで食事を食べていきなさい」とまで言ってくださって、隣接するご自宅にまであげていただいた。

今では奥さんとの二人暮らしで、息子さんは東京で獣医として働いているらしい。品のある奥さんは「年寄り二人じゃ毎日がおもしろくなくて」とわたしを歓迎してくださった。

家庭菜園で取れた野菜中心のあっさりした夕食をいただきながらいろいろ話をしていくうちにワクチンの話になった。

「きっと大阪の先生はまだ若い方でしょう」

「ええ」

「自信満々なんですよ」

それから昔話をしてくれた。

M先生は今までに何度も誤診をして、時には大事なペットをその未熟さゆえに亡くしてしまったことさえもあったそうだ。「獣医として最低ですよ、わたしなんか」何ともしんみりした空気になった。わたしは話に聞き入っていた。

「でもね、この歳になってようやくわかったのは、自分の力なんて高がしれてるってことです。だから慎重になれたし、より丁寧になれたんです。いいですか、社長と医者と学校の先生は信用しちゃいけません。信用していいのはモモ松君だけです」

M先生はそう言って笑った。

モモ松は定期的にM先生に診てもらって大きな病気もなく八年目を迎えた。バーニーズは人懐っこいから飼い犬としてはいいが、いかんせん五十キロ近くになるから飼おうにも飼えない。だからペットショップで売れ残ってしまうケースが多いらしい。

その先は……かわいそうである。

さて、住まいの近くに学校があって散歩をしているとそこの生徒たちが寄ってくる。モモ松は遊んでもらえるから必ずその学校に向かう。田舎なので生徒もそう多くはない。子どもたちは見たこともないでかい犬に興味津々である。また校長先生も堅苦しくない人で夕方などは一緒に校内のグラウンドを歩かせてもらい、砂場で遊ばせてもらった。

「関係者以外は立ち入り禁止なんてするから学校の敷居が高くなるんですよ」校長先生はそうおっしゃった。

グラウンドの隅の鉄棒の近くに大きな砂場があった。砂を見ると穴掘り衝動が湧き出してくる、モモ松は大喜びで穴を掘る。みんなは笑っているが、こっちは家の中がまた砂だらけになると思うと引きつってしまう。

ある土曜日の昼にみんなでお好み焼きパーティーをするから来ませんかと誘われた。二つ返事で了承した。断わる理由などない。行くと家庭科教室で子どもたちが準備をしている、グループに分かれてそれぞれがレシピを調べて作っていた。キムチ味、チーズ味、ミックス味などみんなは夢中になって作っている。そんなときの子どもの目は輝いていて、こちらも微笑ましくなる。

ところがである。家庭科教室には年の頃は五十代後半の女の先生がいた。この場を仕切っているのだが、やたらと子どもたちに上から指図する。「粉は〇〇グラム、水は何CC」など金切り声で命令していた。

部外者であるわたしは何も言うつもりはないが、その職員が声を上げるたびに子どもたちはぞっとする顔つきになる。《また、始まった》と彼らの顔が訴えている。なぜか、こういう先生は日本には本当に多い。

本人は一生懸命なのだが、その熱意が伝わるどころか、空回りして、子どもたちから信頼されていない。教員にまったく向いていないのだ。本人もかわいそうだが、それ以上に子どもがかわいそうだと思う。

わたしはチーズ味のグループに入った。キャベツ、紅しょうが、豚肉、など材料を子どもたちが下準備していたので手伝いをした。板前経験があるから訳も無い。子どもたちとしたらまたびっくりである。「モモ松のオジサンがすげえ〜」などと言いながらキャベツを千切りしているわたしを取り囲んだ。するとおもしろくないのはかのおばさん先生である。彼女の周りにはほとんど生徒がいなくなった。明らかに顔が怒っている。

それから生地を混ぜてホットプレートで焼くことになった。

「温度は二百二十度にしてください、それから一枚につきお玉二杯ずつで焼いてください」

おばさん先生が叫ぶ。その金切り声を聞くたびにこっちまで嫌になってくる。

校長先生はいなくて、職員はその女性と若い男性が一人いた。彼とは面識があった。家が近くなので会うたびにお互いに挨拶をした。スポーツマンらしい気持ちの良い若者である。

立場も年齢も彼のほうが下なのでやたらと気を使っているが、意図的に離れているのが良くわかった。話しかけると気さくに応じてくれた。

「いつものことなんですけどね」

「有名人なの」

「はい、すごいですよ」と真顔である。部外者のわたしにすらそう言うのは相当なものなのだろう。

焼き始めたものの十数人もいるのにホットプレートが二台しかない。だから焼きあがったお好み焼きはなかなか子どもたちの口に入らないし、時間がもの凄くかかる。やがて子どもたちから不満の声があがってきた。するとおばさん先生が怒声をあげた。

「勝手なことを言うんじゃありません。いま先生が焼いているでしょう」

この時の子どもたちの表情は容易に想像できると思う。その場にいるのも嫌だが勝手に出て行くわけにも行かない。

わたしは隅にあったカセットコンロ二台を出してフライパンで焼きだした。もちろんおばさん先生には丁寧に「上手くできませんけど手伝います」と声をかけた。大人になったと自分でも思う。

強火で温めたフライパンの上に油を落として生地を流し込んで焼きだすと子どもたちが集まってきた。最初はこてを使って裏返したが、焼き目がつけばあとはフライパンを扱うだけで裏返せる。ときどき一回転させたり、子どもたちにやらせたりするとキャーキャーと歓声が上がった。

お好み焼きを食べたあと片付けてからグラウンドにでてみんなでキックベースボールをした。日頃はテレビゲーム三昧の子どもたちも楽しんでいた。途中で校長先生もやってきて参加してくださった。ただしあのおばさん先生はいない。こういう場所に出てきたらまたちがった接点ができるのに、と思うのだが最後までやってこなかった。

しこたま遊んでから、モモ松を連れてくると汗びっしょりの子どもたちが寄ってきた。

「今日はいろいろありがとうございました」と校長先生が言うので「いえ、こちらこそ楽しかったです」と応じた。

それから立ち話をしているときにあのおばさん先生が姿をあらわした。

「校長先生、敷地内に犬を入れていいんですか」声が尖っている。ムッとしたが、校長先生が「わたしが許可しました」とはっきり言ってくれた。明らかに不服顔だった。

おばさん先生が去ったあとで男の子が言った。「マジでうぜ～よ、あの先生は」すると校長先生がすかさず「そういう言い方はやめなさい。君が損するから」と静かに諭した。男の子は素直にすいませんとわびた。先生と生徒の見事な関係である。あのおばさん先生ならきっと怒鳴るだけだろう。

モモ松との生活が長く続くとますます以心伝心ができるようになってくる。夜中にもよおして、我慢できなくなるとモモ松は申しわけなさそうにわたしを起こしにくるし、また散歩の行きたくないときには地味に目で訴えてくる。言葉はないが互いに気持ちが伝わることってあるものだ。

最初の頃はルーチンどおりの生活が送れないと、どこか悪いのではないかと心配になったが、どっこい、そうではないことが多いのもわかってきた。犬でも気分が乗らないときはある。

田舎暮らしは不便ではあるものの、人や車が少ない分、モモ松にとってはありがたい。広場や空き地が多いからノーリードで散歩ができる。
お気に入りは河川敷だった。

芝生に覆われている公園にアスファルトの遊歩道がくねくねしている。そこまで車でいってあとは一時間ぐらい散歩する。早朝などあまり散歩している人がおらず、従ってノーリードでも問題はない。

車は後部座席をフラットにして布団を敷いて、タオルケット丸めて枕代わりにして、シーツも敷いてある。助手席の足元にはクーラーボックスがあって、中には冷たい水と大好物のささみジャーキーとチーズが入っている。

散歩を終えて、水を飲ませて一休みすると、モモ松は後部座席で大の字になって寝る。春時分は窓を全開にして木陰に停めると最高である。しっかり餌を食べて、散歩して、冷たい水を飲んで、気持ちの良い場所で鼾をかいて昼寝である。その間こちらは狭い運転席でウトウトするだけだ。まるでモモ松社長と専属の運転手である。

日本に帰ってから何匹かのバーニーズと会った。いずれも人懐っこくて、すぐに犬同士も飼い主同士も仲良くなり《一度バーニーズを飼ったら他犬は飼えませんよ》なんて会話に自然と笑顔になる。

けれども、日本のバーニーズは遺伝子操作してあるらしく三十キロほどにしかならない種が多いらしい。室内で飼うためにそうなったのだが、そのため寿命がさらに短くなるという。亡くなったペットの思い出話は苦手だが、成り行きで相手が話し始めると途中で断わるわけにはいかなくなる。元気なモモ松もいずれは……なんて考えるとゾッとする。

作家の馳 星周さんもバーニーズに魅せられた一人らしい。「短い寿命を考えると悲しいのだが、それ以上の癒しをくれるから」と今でもバーニーズを飼われているという。

そうなのだ。ペットがいると世話で大変だし、亡くなる悲しみは相当なものだが、それ以上の癒しと温もりをもたらしてくれる。そしていつまでも思い出の中で生きていてくれる。

エピローグ　オブリガード　モモ松

二〇一〇年八月二十八日、午後一時四十分。誰よりも何よりも愛おしい、戦友であったモモ松が息を引き取った。わかっていたとはいえ号泣するしかできることはなかった。

老衰による内臓疾患。でも十年しか生きていないのだ。かかりつけのM先生が無理を聞いてくれて「何かあったらいつでも開けてあげるから、電話して来ればいいから」と言ってくれたので、少しでも気になったり、不安に苛まれたりしたら、すぐに連絡した。

連絡してどうなるものではないことぐらいわかっている。でも弱り果てたモモ松の痩せ細った身体をさすりながら添い寝をし続けるのはたまらないものがある。ありとあらゆるものをかなぐり捨てて守らねばならないモモ松がこんなに苦しんでいるのにわたしには泣くことしかできない。辛い、たまらなく辛い。

食欲もなく、わずかに口元に持っていった水を舐めるだけである。何とか動こうとするもののモモ松は自力では立てなくなっていた。エアコンを最大にして、ぬるま湯で絞ったタオルで全身を拭いてやる。浅く息を繰り返しながらモモ松は必死で耐えているように見えた。

代わってやれるものなら代わってやりたい。やっぱりモモ松はもっと裕福な家庭で飼われたほうが幸せだったのではないか、ポルトガルで生きていたほうが良かったんじゃないか、日本につれて来たからこうなったんじゃないか。いろんな思いが次から次へと頭によぎり、いつの間にか泣きながらモモ松に「ごめんね」と声をかけている。

思い出されるのは元気なモモ松である。走り回り、大好きなチーズをねだり、満足したら大鼾をかいてお気に入りの布団の上で仰向けに寝ている。そんなモモ松はもうどこにもいない。それが現実なのだが受け入れられない。

職場にも連れて行くわけにもいかず、帰ってみたらすでに……ってことになっていたらどうしよう、でもその方がいいんじゃないか、最後の最期をみとる勇気があるかどうかまったく自信がなかった。

お地蔵さんを見ては祈り、寺社の前では拝礼した。そしてあらゆる験を担いだ。ちゃんと仕事をしたら、酒を飲まなかったら、そしてあの車が次の角を曲がったら、そんなことに一喜一憂しながら毎日のように泣き、毎日のように祈るだけだった。

二十八日は日曜日で仕事はなかった。いつものように身体を拭いてやり、スポイトで水を与えて、すりおろしたリンゴとチーズをミキサーで混ぜ合わせて小さじで口元に持っていく。食べられないのに、もしかしたら今日は、と期待する。

そして昼過ぎ、ふと見たときに、モモ松は両目をしかと見開いてわたしを見つめ大きく息を吸った。そして次の瞬間、その大きな瞳がそのまま目の裏側に動いていき身体が固まったように動かなくなった。

最期なのだとすぐにわかった。あっけない、こんなにも死は簡単なものなのか。ひととおり泣きじゃくったあと、動かなくなったモモ松をさすりながら意外と落ちついている自分に驚いた。そしていつの間にか「ごめんな」が「ありがとう」に変わっていた。

モモ松が亡くなってから何が一番辛かったというと、朝夕の散歩の時間が辛かった。いつもなら大きな尻尾を振って飛び出してきたのになんの気配もない。その時間を持て余してしまい気分転換と思って車を走らせると、必ず河川敷の散歩コースに行ってしまう。

そこで思い出に浸りながら歩いていると、見えないだけでどこかにいるんじゃないかと思い、コンビニでインスタントカメラを買った。そして誰もいない散歩コースを意味もなく撮りまくった。たとえ心霊写真でもいいから映っていて欲しい、本気でそう考えた。もちろん映っているはずもなく、閑散とした河川敷が映っているだけである。

亡くなった日に葬儀をしてもらい、遺骨を持って帰ってから、いつも餌を食べていた場所に壇を作り、写真と大好きだったビスケットを置いた。それから毎朝、線香をたいて手を合わせた。わが父にもしなかったことを犬にしている。でも、そうすることでモモ松とつながっていると信じたかった。

それでも日常は続く、生きていくためにはモモ松がいたときとなんら変わらない毎日を過ごしていくしかない。当たり前のことだ、わたしだけじゃない。けれども身体の一部がむしり取られたようなぼんやりとした感覚がやたらと続いた。

昔ある有名な哲学者が人間の一番の能力は忘れられることだと言ったらしいが、とても忘れられるものじゃない、けれども時間が解決してくれる日まで待つしかない。

では、モモ松を飼ったことを後悔しているのかと自問するが決してそんなことはない。ただただ、死が悲しいだけなのだ。覚悟をしていたものの実際には悲しくてたまらないだけなのだ。

モモ松が亡くなって二週間ほどたったとき外食を済ませて店を出ると、バーニーズを散歩させている人に偶然にも出会った。思わず声をかけて触らせてもらうと、犬は喜んで飛び掛ってきた。モモ松を日本に連れて帰ってきてから他のバーニーズを見たのはめったにない。

きっと俺は大丈夫だから、と言いに来てくれたのだと思う。

胸が熱くなったが、少しだけ嬉しかった。

久しぶりに見かけたバーニーズはまだ若いオス犬である。人懐っこさならナンバーワンの犬種なので、すぐに大きな尻尾をふりふり身体ごと近づいてきてくれた。

当然ながら、以前、わたしも飼っていたという話から、待ち受け画面にしてあるモモ松の写真を見せてバーニーズ談義になった。飼い主の方はかなりの高齢の紳士で、引っ張られやしないかと勝手ながら心配になったけれども、アンディという名のそのバーニーズは、大喜びしながらも主人の顔をちらちらと見ていた。しっかりと躾けられている証拠である。

話しているとこのアンディで三頭目だそうだ。お子さんがそれぞれ独立して、ご自身も定年になられて、夫婦二人暮らしが始まったとたんに猛烈に淋しくなったという。そこで奥さんと相談して犬を飼おうということになったらしい。

「飼いはじめたら夢中になってしまって」といい笑顔で話された。どこに行くのも、何をするのも犬と一緒、旅行に行くときでも犬と泊まれる宿を探して連れて行くのだという。

その気持ちは手に取るようにわかる。

話が進んでいくうちに、亡くなった二匹の話になってしまった。最初の犬が短命で亡くなってしまってもう二度と飼うまいと誓ったのだが、忘れられずに二匹目になったそうだ。だから、二匹目のときは夫婦で溺愛して、二人の子どもたちにもしたことがないことまで世話をしたという。

でもよく飼われることを決心された、と聞くと、やはりご夫婦で相当悩んだという。当たり前だ。あんな悲しみは二度と味わいたくない。

「でも、アンディがいるから頑張れるし、何より癒されますから、こいつには」そう言いながらさするとアンディは大喜びで寄り添っていた。

別れたあと後ろ姿を見ていると思わず熱いものがこみあげてきた。

モモ松はわたしに飼われて幸せだったんだろうか、とまた自問した。愚問である。

わたしはできる限りのことをした。だから今でも忘れられないのだ。きっとモモ松がアンディに会わせてくれたに違いない。

空を見上げて「おーい、モモ松」と呼んでみた。

了

エピローグ　　オブリガード　モモ松

平塚　保治（ひらつか・やすじ）

1961年　京都市生まれ。
立教大学文学部日本文学科出身。
和食の板前、進学塾の室長などの職を経て、
1998年ポルトガルに渡航。2003年10月帰国。

おーい、モモ松！

2021年3月6日　第1刷発行

著　者　平塚保治
発行人　大杉　剛
発行所　株式会社 風詠社
〒553-0001　大阪市福島区海老江5-2-2
大拓ビル5-7階
Tel 06（6136）8657　https://fueisha.com/
発売元　株式会社 星雲社
（共同出版社・流通責任出版社）
〒112-0005　東京都文京区水道1-3-30
Tel 03（3868）3275
装幀　2DAY
印刷・製本　シナノ印刷株式会社

ISBN978-4-434-28710-7 C0095